Clemens von Kahlden

Technik der histologischen Untersuchung

pathologisch-anatomischer Präparate für Studierende und Ärzte

Clemens von Kahlden

Technik der histologischen Untersuchung
pathologisch-anatomischer Präparate für Studierende und Ärzte

ISBN/EAN: 9783742869951

Hergestellt in Europa, USA, Kanada, Australien, Japan

Cover: Foto ©berggeist007 / pixelio.de

Manufactured and distributed by brebook publishing software
(www.brebook.com)

Clemens von Kahlden

Technik der histologischen Untersuchung

TECHNIK

DER

HISTOLOGISCHEN UNTERSUCHUNG

PATHOLOGISCH-ANATOMISCHER PRÄPARATE

FÜR STUDIRENDE UND ÄRZTE

VON

Dr. C. v. KAHLDEN,

PRIVATDOCENT UND I. ASSISTENT AM PATHOLOGISCHEN INSTITUT
DER UNIVERSITÄT FREIBURG IN BADEN.

JENA,

VERLAG VON GUSTAV FISCHER

1890.

Vorwort.

Die vorliegende Anleitung zur mikroskopischen Untersuchung pathologisch - anatomischer Präparate ist auf Anregung von Herrn Professor ZIEGLER entstanden. Sie ist in erster Linie dazu bestimmt, in erweiterter Form die „Technik der Histologischen Untersuchung Pathologisch-anatomischer Präparate" zu ersetzen, welche den ersten drei Auflagen des Lehrbuches der pathologischen Anatomie von ERNST ZIEGLER beigegeben war, welche dann aber für die vierte und für die fünfte Auflage nicht wieder neu bearbeitet wurde. Dieselbe ist daher der vorliegenden Bearbeitung an zahlreichen Stellen zu Grunde gelegt.

Dem rein praktischen Zweck, dem das Buch dienen soll, entsprechend, sind die Namen von Autoren nur insoweit angeführt, als es zur kurzen Bezeichnung bestimmter Methoden wünschenswerth erschien.

Freiburg, im October 1889.

v. Kahlden.

Inhaltsübersicht.

ERSTES CAPITEL.

Mikroskope und Utensilien zur mikroskopischen Untersuchung.

Für den gewöhnlichen Gebrauch genügen ein oder zwei schwächere Objectivlinsen, und eine stärkere, die eine 300-fache Vergrösserung giebt. Ebenso reichen in der Regel zwei Oculare aus, ein schwächeres und ein stärkeres. Es ist im Allgemeinen Regel, das schwächere Ocular anzuwenden. Das Ocular giebt nämlich nur eine Vergrösserung von dem durch die Objectivlinse entworfenen Bilde, nicht von dem Präparat selbst. Etwaige Fehler, die also diesem Bilde anhaften, erscheinen bei dem stärkeren Ocular um so auffälliger. Ausserdem ist das Gesichtsfeld viel dunkler als bei dem schwachen Ocular. Eine Ausnahme von dieser Regel machen die sog. Apochromaten, welche eine weitere Vergrösserung der Bilder mittels sehr starker Oculare ermöglichen, ohne dass die Bilder an Schärfe verlieren.

Die meisten Mikroskope besitzen einen Hohl- und einen Planspiegel, welche das Licht auf das Präparat werfen. Man wendet in der Regel den Hohlspiegel an. Der Planspiegel eignet sich für die allerschwächsten Vergrösserungen. Für die Untersuchung von Bakterien ist eine sog. Oelimmersionslinse[1]) wünschenswerth. Bei dem Gebrauch derselben bringt man zwischen die Linse und die obere Fläche des Deckglases einen Tropfen von einem Oel, oder einem Gemisch verschiedener Oele, welches dasselbe Brechungsvermögen hat wie das Glas, und durch welches die Luft mit ihrem von dem des Glases abweichenden Brechungscoefficienten ausgeschaltet wird. Zur Entfernung des Immersionsöles von der Linse bedient man sich eines feinen Leinwandläppchens, welches mit Benzin befeuchtet ist. Von dem Deckglas entfernt man das Immersionsöl ebenso, zweckmässigerweise aber erst dann, wenn der Kanadabalsam fest geworden ist, und eine Verschiebung des Deckgläschens über dem Präparate nicht mehr möglich ist.

Feinere Verunreinigungen durch Staub entfernt man von den Ocularen und von den Objectivlinsen mit einem feinen Leinwandläppchen oder einem feinen Haarpinsel. Bei gröberen und fester anhaftenden

---

1) Die früher gebräuchlichen Wasserimmersionen sind durch die viel besseren Oelimmersionen, welche allein zur Untersuchung von Bakterien geeignet sind, vollständig verdrängt.

Verunreinigungen wendet man ebenfalls wieder Benzin an, muss sich aber hüten, dass man nicht etwa den Kanadabalsam, mit dem die einzelnen Linsen des Objectives an einander befestigt sind, löst. Bei Anwendung von Oelimmersionen bedarf man noch eines Condensors, resp. eines Abbe'schen Beleuchtungsapparats, welcher durch eine Linse sämmtliche von dem Spiegel des Mikroskops ausgehenden Lichtstrahlen so sammelt, dass sie in einem Punkt vereinigt werden.

Wenn man auch nicht von vornherein sich ein Mikroskop mit Immersionslinse und Abbe'schem Beleuchtungsapparat anschafft, so thut man doch gut, bei der Wahl eines Stativs auf die Möglichkeit Rücksicht zu nehmen, dass sich später noch Immersion und Beleuchtungsapparat anbringen lassen. Bei Immersionslinsen ist namentlich die grobe Einstellung des Tubus mit der Hand mit mancherlei Unannehmlichkeiten verknüpft; sie wird durch ein Triebrad, wie es sich an den grösseren Stativen findet, wesentlich erleichtert.

Jedem, der sich ein Mikroskop anschaffen will, ist anzurathen, dass er sich bezüglich der Wahl der Firma, der Auswahl des Instruments und seiner Prüfung an ein pathologisches Institut wendet. Aus eigener Erfahrung kann ich die folgenden Firmen empfehlen:

E. Hartnack, Potsdam, Waisenstrasse 34.

E. Leitz, Wetzlar.

W. u. H. Seibert, Wetzlar.

R. Zeiss, Jena.

Alle diese optischen Werkstätten stellen Cataloge auf Verlangen gratis zur Verfügung.

Für die meisten Untersuchungen genügen die Objective III oder IV und VII von Hartnack, II und VII von Seitz, I oder I und III und V^a von Seibert, aa oder A, AA und E von Zeiss.

Unter den Immersionen sind die Immersionslinsen $\frac{1}{12}$ von Seibert oder von Zeiss resp. von den anderen Firmen am meisten zu empfehlen [1]).

Am besten bedient man sich zu mikroskopischen Untersuchungen des Tageslichts; grelles Sonnenlicht eignet sich gar nicht, auch das von blauem, unbewölktem Himmel stammende Licht ist seiner Farbe wegen nicht besonders geeignet. Am meisten empfiehlt es sich, das Licht von einer weissen, nicht zu stark von der Sonne beleuchteten Wolke zu nehmen.

An jedem Mikroskop befinden sich Vorrichtungen, um die Intensität des Lichtkegels, der vom Spiegel auf das Präparat geworfen wird, dadurch beliebig abzuschwächen, dass die Oeffnung in dem Objecttisch oder manchmal unter demselben verkleinert wird. Die einfachen Scheibenblendungen, die sich häufig noch an kleinen Mikroskopen befinden, sind weniger empfehlenswerth, weil sie nicht bis dicht an das Präparat herangebracht werden können, und weil sie das diffuse seitliche Licht nicht abzuhalten vermögen.

Durch den Mangel dieser Nachtheile zeichnen sich die Cylinderblendungen aus, die in einem Schlitten unter dem Objecttisch von der Seite her vorgeschoben werden können und, sobald sie in der Axe der Tischöffnung angelangt sind, nach oben bis dicht an das Präparat vorgerückt

1) Wegen der apochromatischen Mikroskope, deren allgemeiner Anwendung für practische Untersuchungen ihr sehr hoher Preis entgegensteht, sei auf die Cataloge verwiesen.

werden. Je mehr Licht man auf ein Präparat einwirken lässt, desto
mehr verschwinden die Structurverhältnisse desselben, weil die feineren
Contouren in dem ad maximum durchsichtig gemachten Präparate un-
sichtbar werden. Daraus folgt, dass man für ungefärbte Präparate eine
engere Blendung anwenden muss, während für gefärbte eine weitere
am Platze ist.

Die stärkste Beleuchtung, die möglich ist: weite oder gar keine
Blendung und dazu noch die Verstärkung des Lichts durch den Con-
densor, wendet man bei der Untersuchung gefärbter Bakterienpräparate
an. Man erreicht dadurch, dass in dem Präparate die gefärbten Bakterien um so deutlicher hervortreten, weil das Structurbild, durch welches
sie bei gewöhnlicher Beleuchtung leicht verdeckt werden, ganz oder fast
ganz ausgeschaltet ist.

Ist man genöthigt, sich des künstlichen Lichts beim Mikroskopiren
zu bedienen, so corrigirt man die mehr oder weniger gelbe Farbe desselben dadurch, dass man zwischen die Lichtquelle und den Spiegel
des Mikroskops entweder eine blaue Glastafel, oder auch eine sogen.
Schusterkugel einschaltet, d. h. eine Glaskugel, die mit einer durch
Ammoniakzusatz blau gefärbten Lösung von schwefelsaurem Kupferoxyd
gefüllt ist.

Ausserdem giebt es eine Reihe von eigens construirten Mikroskopir-
lampen.

Bei der von Kochs-Wolz (Bonn) construirten Lampe wird das Pe-
troleum- oder Gaslicht von einem Reflector an eine bestimmte Stelle
des über die Lampe gestülpten schwarzen Schornsteins reflectirt und von
hier aus vermittels eines gebogenen Glasstabes direct bis unter das Object
— mit Ausschaltung des Spiegels — geleitet. Zu erwähnen sind ausserdem noch:

Mikroskopirlampe von Hartnack in Potsdam für Gas und Petroleum.
Mikroskopirlampe von Dr. Lassar, für Petroleum, zu beziehen
durch F. W. Dannhäuser, Leipzig, Weststrasse 12.

Von Nebenapparaten, die entweder die Handhabung des Mikroskops
erleichtern, oder nur für gewisse Untersuchungen in Betracht kommen,
sind zu nennen:

1) Ein sog. Revolverapparat, d. h. eine drehbare Scheibe, an
der 2—5 Objectivlinsen angeschraubt werden können. Dadurch wird die
schnelle Untersuchung ein und derselben Stelle, die sich sonst oft bei dem
Wechseln der Objective verschiebt, der Reihe nach mit verschiedenen
Vergrösserungen sehr erleichtert. In neuerer Zeit kommen auch schlitten-
artige Apparate zum Wechseln der Linsen in Gebrauch.

2) Ein Ocularmikrometer. Dasselbe stellt einen feinen, auf
einer Glasplatte eingeritzten Maassstab dar, der sich in dem Ocular-
cylinder befindet. In diesen wird er entweder von der Seite einge-
schoben oder, nachdem man die obere Linse des Ocularcylinders abge-
schraubt hat, so eingesenkt, dass er auf einen in dem Cylinder befindlichen ringförmigen Vorsprung zu liegen kommt.

3) Ein Zeichenapparat, am besten die Camera von Abbé oder
die von Seibert construirte. Durch dieselbe wird vermittels zweier
Prismen ein Bild des mikroskopischen Präparats auf das in der Höhe
des Objecttisches aufgelegte Zeichenpapier entworfen. Es wird dadurch
die Herstellung der genauen Contouren des Präparats und seiner einzelnen Theile sehr erleichtert.

Im Uebrigen bedarf man zum Zeichnen eines kleinen Zeichentisches dessen Platte mit dem Objecttisch in einer Höhe liegt. Zum Zeichnen bedient man sich verschieden harter Bleistifte. Viele Zeichnungen lassen sich sehr gut mit der Feder und verschiedenfarbiger Tinte herstellen.

Heizbarer Objecttisch, Polarisationsapparat und Spectroskop kommen für die gewöhnlichen Untersuchungen nicht in Betracht.

Sehr empfehlenswerth für das Präpariren feinerer Objecte ist eine Lupe, die an einem Handgriff oder auch an einem Stativ befestigt ist.

Sonstige Utensilien.

Die Objectträger sollen von weissem Glase sein. Am bequemsten ist das sog. englische Format. Dieselben werden mit Schutzleisten von Pappdeckel versehen, welche man mit syrupdicker Schellacklösung aufklebt, und deren vordere Fläche zur Bezeichnung des Präparats dient.

Die Deckgläschen dürfen im Allgemeinen nicht dicker als 0,16 mm sein. Man hält sich solche von verschiedener Grösse vorräthig, je nach der Grösse der einzulegenden Schnitte.

Objectträger und Deckgläschen werden durch Einlegen in eine Schale mit Spiritus und nachheriges Abtrocknen mit einem feinen Leinwandlappen gereinigt.

Ausserdem bedarf man einer Anzahl von Uhrschalen in verschiedenen Grössen, in denen das Färben, Auswaschen der Präparate etc. ausgeführt wird. Zum Aufbewahren von Schnittpräparaten, die nicht sofort eingelegt werden, dienen Glasdosen, die mit einem Deckel verschlossen werden können.

Schliesslich kommen noch Glasstäbe, Capillarröhren, Reagensgläser und Flaschen von verschiedener Grösse in Gebrauch.

Der Glasnadeln bedient man sich, wenn man mit Metalllösungen arbeitet.

Wenn man viele Schnitte auf einmal zu färben hat, so kann man sich dazu der Steinacher'schen Siebdosen (zu beziehen durch Siebert, Wien, Alsenstrasse) bedienen.

Dieselben bestehen aus einer Glasdose, deren Boden siebförmig durchlöchert ist, und die in eine oder der Reihe nach in mehrere äussere Dosen eingesetzt wird, so dass die auf dem Sieb aufliegenden Schnitte mit den verschiedenen Reagentien, die man in die äusseren Dosen eingiesst, behandelt werden können.

Einstweilen sind die Siebdosen noch insofern verbesserungsfähig, als die Füsse des eigentlichen Siebs zu hoch, und die eingebohrten Löcher noch zu weit auseinander stehen.

Bezugsquellen für Glaswaaren sind:

S. König, Berlin, Dorotheenstrasse 35.

F. u. M. Lautenschläger, Berlin, Ziegelstrasse.

Dr. Rohrbeck, Firma Z. F. Lume, Berlin.

W. P. Stender, Leipzig.

Von Metallinstrumenten kommen in Gebrauch: Präparirnadeln, Pincetten, Scheeren, Scalpells, Spatel etc.

Die Präparirnadeln müssen immer vollständig blank und frei von jeder Rauhigkeit sein, weil sonst feine Schnitte leicht an denselben hängen bleiben. Man kann die Präparirnadeln, wenn sie rauh geworden sind, auf feinem Glaspapier abschleifen und nachher auf einem Leder noch glätten. Am zweckmässigsten sind diejenigen Präparirnadeln, bei welchen die Nadel an dem Stiele angeschraubt, und dementsprechend jedesmal, wenn sie schlecht geworden ist, durch eine neue ersetzt werden kann. Sehr brauchbar ist ferner zu allen Manipulationen, zum Auffangen und Uebertragen von Schnitten, zum Entfernen der Schnitte von der Schneide des Mikrotommessers eine silberne, biegsame, oben stumpfe Nadel.

Zum Uebertragen der Schnitte aus einer Flüssigkeit in die andere, namentlich von Wasser in Alkohol, sowie zum Ausbreiten derselben auf dem Objectträger dient dann ein Spatel. Am zweckmässigsten sind solche von dünnem Platinblech, die sich in allen beliebigen Grössen, auch so, dass sie für grössere Uebersichtsschnitte, z. B. des Centralnerven- systems, ausreichen, herstellen lassen.

Von den dickeren Messingspateln lassen sich die Schnitte lange nicht so gut abziehen und ausbreiten. Ausserdem werden dieselben durch verschiedene Reagentien angegriffen.

ZWEITES CAPITEL.

Untersuchung frischer Präparate.

Bei der frischen mikroskopischen **Untersuchung von Geweben,** die entweder der Leiche oder dem Lebenden entnommen sind, wird das nöthige Untersuchungsmaterial in der Regel durch Zerzupfen ge- wonnen. Man excidirt mit der Pincette und einer kleinen über die Fläche gebogenen Scheere ein möglichst kleines Partikelchen und zer- zupft dasselbe mittels zweier Präparirnadeln auf dem Objectträger in einem Tropfen Wasser oder 0,6 %iger Kochsalzlösung so lange, bis eine feinere Zertheilung nicht mehr möglich ist.

Die Kochsalzlösung hat vor dem Wasser den Vorzug, dass in ihr die Gewebe nicht so aufquellen, und dass auch die feineren Structurver- hältnisse besser erhalten bleiben. Aehnliche Vortheile bieten seröse Flüssigkeiten, Blutserum, Hydrocele-Flüssigkeit etc.

Sog. künstliches Serum kann man sich dadurch bereiten, dass man 9 Theile der Kochsalzlösung mit 1 Theil Hühnereiweiss versetzt. In einer derartigen Zusatzflüssigkeit verharren die Zellen länger in lebensfähigem Zustande.

Wenn es sich um Bakterienbefunde in frischen Präparaten handelt, so darf man niemals ausser Acht lassen, dass schon im destillirten Wasser, noch mehr aber in der Kochsalzlösung, Bakterienentwicklung stattfinden kann, und dass Bakterien, die sich im Präparat finden, eventuell auch aus der Zusatzflüssigkeit stammen können, namentlich wenn dieselbe nicht mehr frisch ist.

Für alle Zusatz- und Untersuchungsflüssigkeiten mikroskopischer Präparate gilt als Regel, dass man nur einen kleinen Tropfen davon auf den Objectträger bringt. Nimmt man zuviel Flüssigkeit, so liegt das Deckglas nicht fest auf und schwimmt entweder selbst weg, oder es gerathen wenigstens die einzelnen Zellen im Präparat in eine für die Untersuchung sehr störende Bewegung. Ausserdem hindert oder verlangsamt die Untersuchungsflüssigkeit, wenn sie in zu grosser Menge zugesetzt ist, die Einwirkung anderer Reagentien, die man etwa noch anwenden möchte.

Das Zerzupfungsverfahren kommt hauptsächlich zur Anwendung bei der Untersuchung von Muskeln, Gehirn, Rückenmark und bei denjenigen Geschwülsten, die ein reichlicheres Stroma besitzen. Bei der Untersuchung von Nerven und Muskeln müssen die excidirten Theilchen klein sein und dürfen nur kurze Abschnitte von Nerven- und Muskelfasern enthalten, weil längere Abschnitte sich sehr schwer trennen und zertheilen lassen.

Oft ist das Zerzupfen der frischen Präparate in Partikelchen, die klein und fein genug zur mikroskopischen Untersuchung sind, sehr schwierig. Man legt dann die Stückchen für 24 Stunden in eine sog. Macerations - oder Isolationsflüssigkeit. Nach dieser Zeit ist dann das Zerzupfen in feinste Theilchen leicht möglich.

Wenn man thierische Organstückchen mittels einer Isolationsmethode untersucht, so gilt als Regel, dass man die betreffenden Stückchen sofort nach der Tödtung des Thieres in die gewählte Isolationsflüssigkeit überträgt. Menschliche Organtheilchen sollen ebenfalls so frisch wie möglich der Einwirkung der Isolationsflüssigkeit ausgesetzt werden.

Man nimmt die Isolation in kleinen Uhrschälchen vor; das Volumen der Flüssigkeit darf das des Stückchens nicht zu sehr übersteigen, weil sonst mehr eine Härtung als eine Isolation erzielt wird.

Als Isolationsflüssigkeiten sind ausser vielen anderen, die sich mehr oder weniger bewährt haben, die folgenden zu empfehlen.

1) 33%iger Alkohol, der sog. $^1/_3$-Alkohol von RANVIER, hergestellt durch Vermischen von 1 Theil 96%igem Spiritus mit 2 Theilen Wasser.

2) Ganz dünne Chromsäurelösungen, 0,01—0,03 % sind für viele Fälle sehr geeignet.

3) 0,1%ige Osmiumsäure, 12—24 Stunden lang zur Einwirkung gebracht, ermöglicht eine sehr gute Isolation und ist namentlich angezeigt, wenn es sich um verfettetes Gewebe handelt.

4) Methode von ARNOLD: das Stückchen kommt für 5—10 Minuten in 0,1%ige Essigsäure, dann für 24—48 Stunden in 0,01%ige Chromsäure. Nachbehandlung mit Pikrokarmin etc. ist möglich.

5) 33%ige Kalilauge. In dieser zerfallen die Stückchen schon innerhalb einer Stunde. Ihre Anwendung empfiehlt sich namentlich bei der Untersuchung von glatten Muskelfasern, z. B. aus Tumoren des Uterus etc. Die Untersuchung muss ebenfalls in 33%iger Kalilauge geschehen, weil bei Verdünnung derselben mit Wasser die Zellen zerstört werden.

6) Die MÜLLER'sche Flüssigkeit (s. p. 10) ist ebenfalls zur Isolation, namentlich für Theile des Nervensystems sehr geeignet. Die Präparate verweilen in der Flüssigkeit 2—3 Tage.

Bei Anwendung der Isolationsflüssigkeiten kann auch die Untersuchung in einem Tropfen derselben vorgenommen werden. Doch ist auch die Untersuchung in Wasser oder in Kochsalzlösung möglich.

Ausser durch Zerzupfen kann man sich zur frischen Untersuchung das Präparat auch so herstellen, dass man mit der Messerklinge über eine frisch hergestellte Schnittfläche des zu untersuchenden Organs hinstreicht und den so erhaltenen Gewebssaft, welcher an der Klinge haftet, in einem Tropfen Wasser

oder Kochsalzlösung vertheilt.   Man muss aber vorher durch sanftes
Abstreichen, eventuell auch durch Abspülen das Blut von der Schnittfläche entfernen, weil sonst in dem Präparat die zahlreichen rothen
Blutkörperchen alles andere verdecken. Ausserdem muss man sich
hüten, zu viel von der abgeschabten Masse auf den Objectträger zu
bringen. Der Wassertropfen darf nur leicht getrübt werden. Anwendbar ist dieses Verfahren namentlich bei drüsigen Organen, speciell bei
Leber und Niere, wenn es sich um die Frage handelt, ob deren Zellen
körnig getrübt oder verfettet sind, ferner bei Geschwülsten, namentlich
Carcinomen, aber auch bei weichen Sarkomen, und schliesslich bei
zelligen Infiltraten, z. B. der Lunge.

Von **Flüssigkeiten**, die untersucht werden sollen, kann man in
vielen Fällen sofort einen Tropfen auf den Objectträger bringen. Enthält
die Flüssigkeit sehr viele Zellen und andere feste Bestandtheile, wie es
bei Cysten, bei Darminhalt etc. der Fall ist, so empfiehlt es sich oft, den
zu untersuchenden Tropfen, den man mit einer feinen Pipette oder auch
mit einer Platinöse entnimmt, mit Wasser oder Kochsalzlösung entsprechend zu verdünnen. Umgekehrt muss man sehr zellarme Flüssigkeiten
oft eine Zeitlang sedimentiren lassen, ehe man die Untersuchung mit
Erfolg vornehmen kann.

Für die Untersuchung aller Flüssigkeiten ist zu bemerken, dass
man dieselbe auch mit der Deckglastrockenmethode (cf. p. 50) in gefärbtem Zustande vornehmen kann.

In allen Fällen kann man sich die Untersuchung frischer Präparate
durch Zusatz mancher Reagentien sehr erleichtern, die entweder die
Fähigkeit haben, das Präparat durchsichtiger zu machen, oder gewisse
Theile deutlicher hervortreten zu lassen, während sie andere nicht be-
einflussen oder sogar zum Verschwinden bringen. Unter diesen Reagentien, die täglich in Gebrauch genommen werden, sind zu nennen:

1) Das **Glyzerin**. Es hat ausser seiner aufhellenden Eigenschaft
den Vortheil, dass es nicht verdunstet und sich nicht chemisch verändert; es können daher die in ihm vertheilten Präparate, wenn man
sie gegen den Luftzutritt abschliesst, conservirt werden. Man verwendet
das Glyzerin meist in unverdünnter Form, seltener mit Wasser vermischt. Frische Präparate werden, wenn es sich nicht etwa um die
Untersuchung von Pigment handelt, so stark aufgehellt, dass die Untersuchung in Glyzerin nicht statthaft ist. Dagegen kommt das Glyzerin
sehr oft in Anwendung bei der Untersuchung ungefärbter Schnitte, die
schon gehärtetem Material entstammen.

2) **Kali aceticum**, in gesättigter wässeriger Lösung (50 %), besitzt
ebenfalls eine aufhellende Wirkung, die aber geringer ist als die des
Glyzerins, so dass auch frische Schnitte darin untersucht werden können.
Die Präparate können in ihr, ähnlich wie im Glyzerin, conservirt werden.

3) **Essigsäure**. Sie hat den doppelten Vortheil, dass sie die Kerne
zum Schrumpfen bringt und dadurch ihre Umgrenzung deutlicher hervortreten lässt, und dass sie das Bindegewebe zur Quellung bringt und
so durchsichtiger macht. Fetttröpfchen widerstehen der Einwirkung
der Essigsäure, während diese andererseits die Eiweisskörnchen, die
sich im Protoplasma der Zellen bei der trüben Schwellung bilden, löst.
Es ist daher die Essigsäure ein ausgezeichnetes Reagens für die Differentialdiagnose zwischen fettiger Degeneration und körniger Trübung.
Mikrokokken bleiben ebenfalls von der Essigsäure unbeeinflusst.
Auch die elastischen Fasern werden durch die Essigsäure nicht ver-

ändert und treten daher bei ihrer Anwendung in dem durchsichtig gemachten Bindegewebe deutlicher hervor.

Man wendet die Essigsäure meist in einer 1—2°/₀ starken Lösung an, die man sich durch Verdünnen von Eisessig mit Wasser herstellt. In der Regel bringt man von der Essigsäure vermittels eines Glasstabes einen Tropfen an die eine Seite des Deckglases des Präparats, welches man vorher schon angesehen hat. Die Essigsäure dringt dann langsam ein, und man kann ihre Wirkung unter dem Mikroskop verfolgen. Das Eindringen der Essigsäure wird beschleunigt, wenn man an den entgegengesetzten Rand des Deckglases ein Stückchen Fliesspapier bringt, welches die Flüssigkeit ansaugt.

Anilinessigsäure besitzt noch in erhöhtem Maasse die Fähigkeit, den Kern deutlicher hervortreten zu lassen, weil sie nicht nur seine Contouren besser zum Vorschein bringt, sondern ihn auch färbt. Man stellt die Anilinessigsäure her, indem man zu der 2°/₀igen Essigsäure so viel Fuchsin giebt, dass die Farbe eine gesättigt rothe wird.

Schliesslich wendet man die Essigsäure auch noch an, um den Kalk in verkalkten Geweben zu lösen.

4) **Schwache wässerige Jodlösung** ist ebenfalls ein sehr bequemes Mittel, um die Kerne und die Umrisse der Gewebe überhaupt deutlicher zur Anschauung zu bringen. Man stellt die schwache Jodlösung her, indem man die gewöhnliche Lugol'sche Lösung (Jod 1, Jodkali 2, Wasser 100) so weit mit Wasser verdünnt, dass sie eine weingelbe Farbe annimmt.

5) **Kali- und Natronlauge.** Die Wirkung und demnach die Anwendungsweise ist eine ganz verschiedene, je nach dem Concentrationsgrade.

Die 1—3°/₀ige schwache Kalilauge hat die Fähigkeit, die meisten Gewebe aufzulösen. Es widerstehen ihr von den gewöhnlich in Betracht kommenden Gewebsbestandtheilen nur: a) das elastische Gewebe, b) die Fette, c) Pigmente, d) Bakterien.

Man kann daher bei der Untersuchung der genannten Dinge namentlich zu differentiell diagnostischen Zwecken passend Gebrauch von der schwachen Kali- oder Natronlauge machen. Auch die Amyloidsubstanz ist resistent gegen die schwache Lauge, es kommt aber diese Eigenschaft bei mikroskopischen Untersuchungen selten zur Geltung, weil es specifische Reactionen auf Amyloid giebt.

Die 33°/₀ige starke Kali- und Natronlauge zerstört die zelligen Gewebsbestandtheile nicht, sie löst dagegen die Kittsubstanz, welche dieselben verbindet, und wird daher zur Isolirung von Geschwulstzellen, glatten Muskelfasern, Drüsenknäueln etc. verwandt. Diese Auflösung wird meist schon in wenigen Minuten bewirkt; es dürfen aber danach die Theile nicht mit destillirtem Wasser in Berührung kommen, weil sonst eine Verdünnung der Lauge bewirkt wird, und die Wirkungsweise der verdünnten Kalilauge eintritt. Es muss vielmehr die Untersuchung in der starken Kalilauge selbst vorgenommen werden.

6) **Osmiumsäure.** Dieselbe wird in 1°/₀iger wässeriger Lösung angewandt und kann in derselben Weise wie die Essigsäure dem vorher zerzupften und mit einem Deckglas bedeckten Präparat zugesetzt werden. Sie hat die Eigenschaft, Fetttröpfchen braun bis schwarz zu färben, und ist daher ein werthvolles Reagens zum Nachweis von Fett, namentlich auch bei der fettigen Degeneration.

7) **Salzsäure**, 3—5°/₀ig. Dient zum Erkennen von Verkalkungen,

Kalkconcrementen u. s. w. Sie löst den phosphorsauren Kalk einfach auf, und es werden dadurch die vorher dunklen Partien hell. Die Lösung des kohlensauren Kalks vollzieht sich unter der Bildung von Luft- (CO_2-) blasen.

8) **Färbung frischer Präparate** wird, wenn man nicht die Deckglastrockenmethode anwendet, so bewirkt, dass man vom Rande her einen Tropfen wässerige Farblösung, am besten Methylgrün oder LÖFFLER's Methylenblau (s. p. 50) zufliessen lässt. Hämatoxylin eignet sich dazu nicht.

DRITTES CAPITEL.

Härtung der Präparate.

Sollen Präparate einer genaueren Untersuchung, namentlich an feineren Schnitten, unterworfen werden, so müssen sie durch die Härtung erst schnittfähig gemacht werden. Dabei ist vor allem darauf zu achten, dass die zu härtenden Stücke möglichst frühzeitig nach dem Tode oder nach der Entnahme aus dem Lebenden in die Härtungsflüssigkeit gebracht werden, um den Eintritt der Fäulniss zu verhindern.

1) **Alkohol** ist die am häufigsten benutzte Härtungsflüssigkeit. Man wendet Concentrationen von $90^0/_0$—$100^0/_0$ (resp. $99^0/_0$) an. Oft empfiehlt es sich, die Stücke zunächst in 90—$96^0/_0$igen Spiritus und erst am folgenden Tage in absoluten Alkohol zu bringen, weil sie dann weniger schrumpfen. Viele Objecte erlangen überhaupt schon in dem gewöhnlichen $96^0/_0$igen Spiritus eine vollständig ausreichende Festigkeit. Man kann übrigens dem $96^0/_0$igen Spiritus leicht alles Wasser entziehen, wenn man demselben ausgeglühtes Cuprum sulphuricum zusetzt. Dasselbe wird in einem Metalltiegel so lange geglüht, bis es zu einem weissen Pulver geworden ist. Wenn es in dem Spiritus blau geworden ist, muss es durch neues ersetzt oder von neuem ausgeglüht werden. Derartigen selbstbereiteten absoluten Alkohol muss man aber vor dem Gebrauch durch ein Filter giessen, weil sonst Kupferpartikelchen mit dem Präparat in Berührung kommen könnten. Bei subtileren Untersuchungen empfiehlt es sich dagegen, absoluten Alkohol anzuwenden, weil er vor dem künstlich entwässerten Spiritus den Vorzug chemischer Reinheit hat.

Die in Alkohol zu härtenden Stücke werden in Würfel- oder in Scheibenform ausgeschnitten und sollen nicht mehr als 2—3 cm im Durchmesser haben. Die Menge des Alkohols soll 10—15 mal grösser sein als das Volum der Stücke. Am 2. und 4., nöthigenfalls auch noch am 6. Tage muss der Alkohol gewechselt und durch frischen ersetzt werden. Sehr rathsam ist es, das Glas am ersten Tage zu verschiedenen Malen zu schütteln, weil sonst leicht einzelne Stücke am Boden festkleben, und der Alkohol dann an deren unterer Seite nicht mehr zur Einwirkung gelangen kann.

Die Alkoholhärtung kann für die meisten Gewebe zur Anwendung kommen und ist besonders dann am Platze, wenn die Untersuchung der betreffenden Theile schnell vorgenommen werden soll. Ferner ist sie für Präparate, die auf Bakterien untersucht werden sollen, ganz vorzugsweise und mehr als die anderen Härtungsflüssigkeiten zu empfehlen. Man wählt hier von vornherein absoluten Alkohol, um die postmortale Weiterentwicklung der Bakterien im Gewebe sicher auszuschliessen. Für die Gewebe des Nervensystems eignet sich die Alkoholhärtung in der Regel nicht.

Will man ganze Organe und Geschwülste für Sammlungen aufheben, so wird aus denselben in fliessendem Wasser erst das in ihnen enthaltene Blut ausgezogen, bis das Wasser klar abfliesst. Dann kommen sie in 70—80 $\%$igen Alkohol, der so oft gewechselt wird, bis keine Trübung mehr entsteht.

2) **Die MÜLLER'sche Flüssigkeit.** Sie besteht aus

Doppeltchromsaurem Kali 2,5$\%$
Schwefelsaurem Natron 1,0$\%$
Wasser . . . . . . 100,0$\%$.

Die vollkommene Härtung in dieser Flüssigkeit erfordert bei gewöhnlicher Temperatur für kleinere Objecte mindestens 12 Wochen, für grössere Organe, z. B. ganze Gehirne, aber bis zu einem Jahre. Der Härtungsprocess kann durch zeitweiliges Einstellen der Präparate in den Brütofen ziemlich beschleunigt werden. Man muss dann aber die MÜLLER'sche Flüssigkeit recht häufig wechseln.

Die Flüssigkeit soll das 10—20fache der zu härtenden Objecte betragen. Sie wird am 2., 4., 6. und 12. Tage und später jedesmal dann erneuert, wenn sie getrübt ist, oder wenn sich Spaltpilze in ihr entwickeln.

Die Präparate können mehrere Jahre, bis zu 10, in MÜLLER'scher Flüssigkeit aufbewahrt werden; doch ist es zweckmässig, der Flüssigkeit nach Ablauf des ersten Jahres die Hälfte Wasser zuzusetzen.

Zur Nachhärtung, falls eine solche nöthig ist, kommen die Präparate, nachdem man sie kurze Zeit bis einige Stunden in oft erneuertem Wasser ausgewässert hat, zunächst für einen Tag in 30$\%$igen und dann in 96$\%$igen Spriritus. Wenn sich in diesem letzteren stärkere Niederschläge bilden, so wird er gewechselt. In Spiritus können die Präparate noch mehrere Jahre aufgehoben werden, verlieren aber mit der Zeit an Färbbarkeit.

Die Vortheile der MÜLLER'schen Flüssigkeit gegenüber dem Alkohol sind folgende:

a) Die Gewebe schrumpfen in der MÜLLER'schen Flüssigkeit weniger, und es werden Zellen und Zwischensubstanz besser erhalten.

b) Die rothen Blutkörperchen werden im Gegensatz zum Alkohol in der MÜLLER'schen Flüssigkeit in ihrer Form ausgezeichnet erhalten und behalten eine gelbe Farbe.

c) Die in MÜLLER'scher Flüssigkeit gehärteten Präparate färben sich im Allgemeinen besser als diejenigen, welche in Alkohol conservirt waren. Diese bessere Färbbarkeit tritt jedoch nur dann hervor, wenn die Präparate hinreichend lange Zeit in MÜLLER'scher Flüssigkeit gelegen haben. Anderenfalls ist die Färbung sogar eine viel unvollkommenere als bei Alkoholpräparaten.

d) Die viel geringere Kostspieligkeit der MÜLLER'schen Flüssigkeit im Gegensatz zum Alkohol.

Alkohol und MÜLLER'sche Flüssigkeit reichen für die gewöhnlichen Bedürfnisse als Härtungsflüssigkeiten vollkommen aus.

3) **ERLICKI'sche Flüssigkeit.** Dieselbe besteht aus:

Doppeltchromsaurem Kali = 2,5,
Schwefelsaurem Kupfer . = 0,5,
Wasser . . . . . . = 100,0.

Die Flüssigkeit hat den Vortheil, dass darin Präparate schon in 8—10 Tagen, im Brütofen sogar schon in 4—5 Tagen härten. Sie hat aber den Nachtheil gegenüber der MÜLLER'schen Flüssigkeit, dass sie die Schrumpfung der Gewebe nicht so gut verhindert, und dass sich in den Präparaten manchmal Niederschläge bilden.

4) **Sublimat** ist für einzelne Fälle, auf die noch näher eingegangen wird, ein vorzügliches Härtungsmittel. Neben der Härtung bewirkt das Sublimat auch eine Fixation der Kerntheilungsfiguren. Man wendet eine in der Wärme gesättigte (7,5$^0/_0$ige) Lösung von Sublimat in 0,5$^0/_0$iger Kochsalzlösung an. In dieser Lösung verbleiben die Stücke, die nicht zu dick sein dürfen, durchschnittlich 24 Stunden. Dann folgt ein gründliches, am besten 24stündiges Auswaschen in Wasser, und schliesslich eine Nachhärtung, je 24 Stunden lang in 30$^0/_0$igen, 70$^0/_0$igen und 96$^0/_0$igen Alkohol.

Auf das gründliche Auswaschen der Präparate kommt bei der Sublimathärtung viel an, weil sich sonst leicht Quecksilberniederschläge im Präparat bilden, die bei der späteren Untersuchung namentlich zur Verwechslung mit Pigment Veranlassung geben können. Man kann sich übrigens durch Zusatz von einigen Tropfen Jodlösung leicht davon überzeugen, ob in der Auswaschflüssigkeit noch Sublimat gelöst vorhanden ist. Solange dies der Fall ist, bewirkt Jodzusatz einen gelbrothen Niederschlag von Quecksilberjodid. Auch hat man empfohlen, dem zur Nachhärtung verwandten 70$^0/_0$igen Alkohol so viel Jodtinctur zuzusetzen, dass derselbe eine weinrothe Farbe erhält. Das Jod entfernt dann durch Bildung von Quecksilberjodid das überflüssige Sublimat, und der Alkohol entfärbt sich.

5) **Pikrinsäure** kommt in gesättigter wässeriger Lösung zur Anwendung. Kleine, nicht mehr als 1 cm dicke Stücke verbleiben bis zu 24 Stunden in derselben und werden dann in 70—80$^0/_0$igen Spiritus übertragen. Es ist bei der Anwendung der Pikrinsäure als Härtungsmittel immer im Auge zu behalten, dass dieselbe auch den Kalk im Knochengewebe und in Verkalkungen auszieht. Die Schnitte der in Pikrinsäure gehärteten Stücke müssen sehr sorgfältig ausgewaschen werden, weil sie sonst leicht Reste der gelben Färbung behalten.

6) **Osmiumsäure** wird in 1$^0|_0$iger wässeriger Lösung als Härtungsmittel angewandt. Da die Osmiumsäure sehr schlecht in die Gewebe eindringt, so dürfen die zu härtenden Stückchen nicht mehr als 5 mm dick sein. Sie verbleiben in der Lösung 24 Stunden und werden dann in 80$^0|_0$igen Spiritus übertragen. Die Osmiumsäure färbt Fetttröpfchen schwarz und ist deshalb, wenn es sich um Nachweis von solchen handelt, zu empfehlen. Ueber die Härtung fettig degenerirter Partien s. p. 41. Die mit Osmiumsäure behandelten Schnitte werden am besten in Kali aceticum (s. p. 7) aufgehoben, weil sich Glyzerin nach und nach bräunt. Man kann aber das Dunkeln des Glyzerins verhindern, wenn man die Schnitte vor ihrem definitiven Einschluss in demselben einige Tage in mit Wasser verdünntem Glyzerin oder in Wasser liegen lässt.

7) **Das FLEMMING'sche Säuregemisch** ist in vielen Fällen zur Härtung sehr geeignet. Ueber seine Anwendung s. p. 38 u. p. 42.

8) **Gummiglyzerin** ist für manche Untersuchungen, namentlich wenn es dabei nicht auf histologische Feinheiten ankommt, zu empfehlen, weil die Härtung sehr schnell und vollständig bewerkstelligt wird. Die Gummiglyzerinlösung wird so hergestellt, dass man zu kochendem

Glyzerin unter fortwährendem Umrühren langsam so viel pulverisirten arabischen Gummi zusetzt, als sich löst.

Stücke, die frisch aus der Leiche entnommen sind, werden zuerst in fliessendem Wasser von Blut befreit, Stücke, die schon in Spiritus gelegen haben, werden zuvor in Wasser von ihrem Spiritus befreit. Dann überträgt man sie für 24 Stunden in die syrupdicke Gummiglyzerinlösung, in der man sie durch Glasstäbe etc. unter dem Niveau erhält. Nach 24 Stunden bringt man die Stücke in 80 bis 90%igen Spiritus und schüttelt das Glas wiederholt und stark. Sie werden dann innerhalb weniger Stunden sehr hart und schnittfähig.

Die einzelnen Schnitte werden vor der Färbung in reichlichem, eventuell zu wechselndem Wasser ausgewaschen, in welchem der durch den Alkohol niedergeschlagene Gummi sich wieder löst.

9) **Kochmethode**, ist namentlich dann zu empfehlen, wenn innerhalb der Gewebe befindliche eiweisshaltige Flüssigkeit durch Gerinnenmachen derselben fixirt werden soll, wie das besonders bei Lungenödem, Nephritis und bei Cysteninhalt nothwendig werden kann. Man bringt kleine, 1,5 cm dicke Würfel für 1—2—2$\frac{1}{2}$ Minuten in kochendes Wasser und härtet in 96%igem Spiritus nach.

———

VIERTES CAPITEL.

Die Entkalkung.

Knochen oder solche Gewebe, die verkalkte oder verknöcherte Partien enthalten, müssen, bevor sie schnittfähig sind, von ihren Kalksalzen befreit werden. Dabei sind folgende Regeln zu beachten:

1) Die betreffenden Theile müssen **gut** gehärtet sein, ehe sie in die Entkalkungsflüssigkeit übertragen werden, weil in dieser die übrigen Gewebe sonst zu sehr verändert werden. Die Härtung geschieht in Alkohol oder noch besser in MÜLLER'scher Flüssigkeit mit nachfolgender Alkoholhärtung.

2) Die Entkalkungsflüssigkeit muss sehr reichlich sein und muss oft gewechselt werden.

3) Nach vollendeter Entkalkung müssen die Stücke sehr sorgfältig, zwei bis mehrere Tage lang in Wasser ausgewaschen werden, damit keine Reste von Entkalkungsflüssigkeit im Gewebe zurückbleiben und dessen Structur noch nachträglich schädigen.

4) Nachdem die Stücke gründlich ausgewaschen sind, müssen sie von neuem gehärtet werden und sind nun erst schnittfähig.

Die Zeit, die bis zur vollständigen Entkalkung nöthig ist, ist nicht nur verschieden nach der Concentration der Entkalkungsflüssigkeit, sondern hängt besonders auch von der Dicke und Grösse des zu entkalkenden Objects ab. Ausserdem sind Knochen von Neugeborenen und noch mehr fötale Knochen viel leichter und schneller zu entkalken als solche von Erwachsenen.

Es ist Regel, nicht zu grosse Stücke zur Entkalkung zu wählen. Man überzeugt sich von der vollständigen Entfernung der Kalksalze durch Einstechen mit einer Präparirnadel oder durch probeweises Einschneiden mit einem Skalpell.

Die am häufigsten angewendeten Entkalkungsflüssigkeiten sind folgende:

1) Gesättigte wässrige Pikrinsäurelösung.

Man giebt am besten zu der Lösung Pikrinsäure im Ueberschuss. Die Tibia eines Neugeborenen, unzerschnitten eingelegt, ist in etwa 3 Wochen entkalkt.

2) v. Ebner's Entkalkungsflüssigkeit.

Dieselbe hat folgende Zusammensetzung:

Salzsäure 2,5
Alkohol 500,0
Destillirtes W. 100,0
Chlornatrium 2,5.

3) Reine Salpetersäure.

Wird in der Verdünnung von 3—5 Theilen auf 100 Theile Wasser angewandt. Sie ist namentlich für Knochen Erwachsener zu empfehlen.

4) Fol'sche Flüssigkeit.

Chromsäure $(1^0/_0)$ = 70 Theile
Salpetersäure = 3 „
Wasser = 200 „

5) Waldeyer's Chlorpalladiumlösung.

Palladiumchlorid 0,01
$1^0/_0$ Salzsäurelösung 1000,00.

Nach gründlichem Auswaschen wird successive in $30^0/_0$igem $60^0/_0$igem und $90^0/_0$igem Spiritus nachgehärtet.

- — - -

FÜNFTES CAPITEL.

Einbettungsmethoden.

Die Einbettungsmethoden haben einmal den Zweck, Präparate, die auch bei sorgfältiger Härtung nur eine mässige Festigkeit erlangen, schnittfähig zu machen; daneben sind aber manche Einbettungsmassen, die bei der Färbung und Untersuchung nicht aus den Schnitten entfernt zu werden brauchen, befähigt, einzelne Gewebsbestandtheile oder abnormen Inhalt zu fixiren, so dass sie bei den verschiedenen Manipulationen, denen der Schnitt ausgesetzt wird, nicht ausfallen.

Celloidineinbettung.

Das Celloidin erfüllt diese beiden Voraussetzungen so gut wie keine andere Einbettungsmasse, weil dasselbe in den Schnitten vollständig durchsichtig bleibt, die meisten Farben beim Auswaschen wieder abgiebt und demgemäss aus den Schnitten nicht entfernt zu werden braucht. Man stellt sich eine dünnflüssige und eine dickflüssige Celloidinlösung her, letztere von der Consistenz dicken Syrups, indem man das in ganz kleine Stückchen zerschnittene Celloidin in Alkohol und Aether zu gleichen Theilen löst.

Die Präparate müssen vorher in absolutem Alkohol vollkommen entwässert sein; dagegen ist es nicht nöthig, sie nach der Entwässerung in Alkohol noch in ein Gemisch von Alkohol und Aether zu verbringen,

wie das vielfach empfohlen wird. Aus dem Alkohol kommen dann die
Stückchen, die nicht dicker als 1 cm sein sollen, zunächst für mindestens 24 Stunden in die dünne und dann ebenso lange in die dicke
Celloidinlösung. Wenn es sich um schwieriger zu behandelnde Objecte
handelt, sowie in allen Fällen, in denen die Zeit nicht drängt, empfiehlt
es sich, den Aufenthalt der Stücke in beiden Celloidinlösungen auf
mehrere Tage zu verlängern, da die Einbettung um so besser gelingt, je
länger und je mehr die Präparate von den beiden Celloidinlösungen
durchtränkt worden sind.

Aus der dickflüssigen Celloidinlösung bringt man die Stücke auf
eine kleine Glasplatte, wenn sie später auf dem Gefriermikrotom geschnitten werden sollen, dagegen direct auf Kork, wenn eines der gewöhnlichen Schlittenmikrotome in Anwendung kommen soll, bei denen
das Präparat auf einem Kork in einer Klammer zu befestigen ist. Auf
der Glasplatte oder dem Kork kann man das Object noch mit etwas
dicker Celloidinlösung übergiessen, wenn nicht von derselben schon von
selbst genug haften bleibt. Man lässt nun das Präparat mit dem umgebeu-
den Celloidin an der Luft etwas eintrocknen und bringt dasselbe dann
für 24 Stunden in 80%igen Alkohol, in dem die Einbettungsmasse vollständig fest wird. Der Consistenzgrad, den die Präparate hier erlangen,
ist sehr wesentlich abhängig davon, ob man das Celloidin schnell oder
langsam hat an der Luft eintrocknen lassen. Die langsam getrockneten
Präparate werden viel fester. Will man daher gefroren schneiden, so genügt schon ein $\frac{1}{2}$-stündiges Verweilen des Stückes an der Luft, bevor
es in 80%igen Spiritus kommt, um eine genügende Festigkeit zu erlangen. Die Stückchen werden sonst leicht beim Gefrieren zu fest und
heben sich von der Platte des Gefriermikrotoms ab.

Schneidet man aber auf einem der anderen Mikrotome, so ist es
dringend zu empfehlen, das Eintrocknen des Präparates durch Abschluss
der Luft unter einer Glasglocke möglichst zu verlangsamen. Am besten
gelingt dies, wenn man das Präparat nicht einfach mit dem anhaftenden
Celloidin auf dem Kork unter die Glasglocke bringt, sondern wenn man
den Kork mit einem Streifen Cartonpapier ringförmig umwickelt und
den Streifen durch eine Stecknadel befestigt. In das Kästchen, welches
auf diese Weise entsteht, giesst man zunächst eine dünne Schicht
Celloidin, dann setzt man das Präparat ein und giesst nun so viel
Celloidinlösung auf, dass dieselbe das Stück reichlich bedeckt. Auf
diese Weise ist es ermöglicht, weil das Präparat von einer verhältnissmässig sehr reichlichen Menge von Celloidinlösung umgeben ist,
das Eintrocknen ganz langsam innerhalb von 1—2—3 Tagen eintreten zu lassen, und es sind die zu erhaltenen Präparate gerade so
fest wie solche, die in Paraffin eingebettet sind. Präparate, z. B. membranartige Theile, die nicht von selbst in der gegebenen Lage verharren,
fixirt man vermittels Stecknadeln, die man ganz lose in den Kork ein-
sticht. Der Papierring wird erst entfernt, wenn das Object in Alkohol
vollständig fest geworden ist. Man giebt dann durch Umschneiden dem
Celloidinblock die Form eines Vierecks, weil er sich so auf dem Mikrotom am besten schneiden lässt.

Soll der Celloidinmantel um die einzelnen Schnitte erhalten bleiben,
so dürfen dieselben zum Zwecke der Entwässerung nicht zu lange in
absolutem Alkohol verweilen, in dem sich das Celloidin nach einiger
Zeit löst. Man bringt dann zur Entwässerung nach der Färbung und
dem Auswaschen den Schnitt zuerst in 96%igen Spiritus, wo ihm schon

ein grosser Theil des Wassers entzogen wird. Zum Entfernen des letzten Restes von Wasser ist dann nur ein so kurzer Aufenthalt in absolutem Alkohol nöthig, dass das Celloidin nicht gelöst wird. Nelkenöl, welches das Celloidin augenblicklich auflöst, muss zur Aufhellung vermieden werden. Man wendet dann Bergamott-, Cedern- oder Hopfenöl an. In anderen Fällen, namentlich bei Anilinfärbungen, ist es oft geboten, vor der Färbung das Celloidin aus dem Präparate vollkommen zu entfernen. Man bringt dann die Schnitte aus dem Wasser oder verdünnten Spiritus, in welchem sie von dem Messer des Mikrotoms aufgenommen wurden, in absoluten Alkohol, von diesem für 10—15 Minuten in ein Gemisch von absolutem Alkohol und Aether zu gleichen Theilen oder in Nelkenöl, dann wieder zurück in absoluten Alkohol, schliesslich in Wasser und nun erst in die Farbe.

Dem Gesagten zufolge zerfällt die Celloidineinbettung in folgende Manipulationen:

1) Härtung oder Nachhärtung in absolutem Alkohol.
2) 1—5-tägiges Verweilen in dünnflüssigem Celloidin.
3) 1—5-tägiges Verweilen in dickflüssigem Celloidin.
4) Auf Kork oder Glasplatte an der Luft Trocknen.
5) 24 Stunden lang in 80%igen Spiritus.
6) Schneiden.
7) Färben und Auswaschen.
8) Entwässern in 96%igem, dann noch 1—2 Minuten in absolutem Alkohol.
9) Aufhellen in Bergamott-, Cedern- oder Origanumöl oder in Xylol.
10) Kanadabalsam.

Einbettung in Paraffin.

Die Einbettung in Paraffin hat gegenüber der Celloidineinbettung gerade für pathologisch-anatomische Präparate manche Nachtheile, so dass sie nur selten zur Anwendung kommt.

Einmal ist die längere Erwärmung der Präparate auf 50° C eine eingreifende Procedur; dazu kommt aber, dass das Paraffin vor dem Einlegen der Schnitte entfernt werden muss, und dass damit ein Hauptvortheil der Einbettung: Fixiren von lockeren Gewebsbestandtheilen, Exsudaten, Auflagerungen etc. in ihrer Lage, verloren geht. Andererseits ist die bei der Paraffinbehandlung sehr bequeme Vorfärbung des ganzen Stückes für pathologisch-anatomische Zwecke meist nicht anwendbar.

Das Verfahren ist folgendes:

Die Präparate müssen in absolutem Alkohol gehärtet oder nachgehärtet sein. Aus diesem kommen sie für 24 Stunden in ein Lösungsmittel des Paraffins, unter welchen sich neben den ätherischen Oelen namentlich das Xylol bewährt hat. Nun werden sie in ein bei 50° C flüssiges Paraffingemisch (die einzelnen Paraffine haben verschiedene Schmelzpunkte) im Thermostaten bei 50° C gebracht. Nachdem sie sich hier mit dem flüssigem Paraffin durchtränkt haben, wird dasselbe in ein aus Cartonpapier oder durch Aneinanderschieben von zwei rechteckigen Metallrahmen auf einer Glasplatte hergestelltes Kästchen ausgegossen, und das Präparat darin in der gewünschten Lage fixirt. Die Lage des Präparats muss man sich genau merken, da man sich an dem nach dem Erstarren undurchsichtigen Paraffinblock nicht mehr orientiren kann. Das Erstarren des Paraffins wird durch Umgiessen mit kaltem Wasser beschleunigt. Der so entstehende Paraffinblock wird zurechtgeschnitten, in die Klammer des Mikrotoms eingeklemmt und — ohne das Messer zu befeuchten — geschnitten. Die Schnitte kommen zur Entfernung des Paraffins in Xylol, von da in Alkohol, dann in Wasser und schliesslich, wenn die Stücke nicht in toto vorgefärbt waren, in die Farbflüssigkeit.

Demnach zerfällt das Verfahren der Paraffineinbettung in folgende Maassnahmen:

1) Härtung oder Nachhärtung in absolutem Alkohol.
2) 24 Stunden in Xylol.
3) 1—12 Stunden bei 50° im Wärmekasten in flüssiges Paraffin.
4) Ausgiessen und Erstarren.
5) Schneiden.
6) Xylol.
7) Alkohol.
8) Wasser, Färben etc.

In der Regel sind die Paraffinschnitte zu brüchig, als dass man mit ihnen ohne weiteres die verschiedenen Manipulationen vornehmen könnte, die zum Färben und Einlegen nöthig sind. Man klebt vielmehr die einzelnen Schnitte auf dem Objectträger fest. Zu dem Zwecke bestreicht man diesen mit einer ganz dünnen Schicht von Nelkenöl und Collodium 3 : 1. Nachdem die Schnitte angedrückt und aufgeklebt sind, bringt man den Objectträger für 5—10 Minuten auf ein Wasserbad oder in den auf 60° C erwärmten Brütofen. Von da kommt der Objectträger zur vollständigen Entfernung des Paraffins in ein Gefäss mit Xylol. Dann werden die Präparate, falls sie schon im Stück vorgefärbt waren, in Kanadabalsam eingeschlossen. Sind die Präparate aber noch nicht gefärbt, so wird der Objectträger aus dem Xylol zuerst in 96%igen Spiritus übertragen, dann kommt er der Reihe nach in Wasser, Farbe, Auswaschflüssigkeit, Alkohol, Xylol, Canadabalsam. Ausser dem Nelkenöl-Collodium giebt es noch eine Reihe von anderen Aufklebemassen von denen die folgenden erwähnt seien :

E i w e i s s l ö s u n g. Man stellt sich dieselbe so her, dass man ein abgemessenes Quantum von Eiweiss zu Schaum schlägt und dann mit dem gleichen Volum reinen Glyzerins versetzt. Die Masse wird filtrirt und in ganz dünner Schicht auf den Objectträger aufgetragen. Nachdem die Paraffinschnitte aufgelegt sind, bringt man den Objectträger für kurze Zeit aufs Wasserbad oder in den Brütschrank bei 60°, wo die Lösung erstarrt und die Schnitte fest ankleben.

S c h e l l a c k l ö s u n g. Man stellt sich eine concentrirte Lösung von weissem Schellack in absolutem Alkohol her und breitet diese Lösung mit einem Glasstab ganz dünn auf dem erwärmten Objectträger aus. Man drückt nun die einzelnen Schnitte auf der Schellackdecke an und setzt dann in einem Gefäss den Objectträger den Dämpfen einer auf dem Boden befindlichen kleinen Menge von Aether aus.

Nachher: Wasserbad oder Wärmeschrank — Xylol zur Entfernung des Paraffins etc., wie oben.

Andere Einbettungsmethoden.

Die Einbettung in Seifen verschiedener Composition und in Mischungen von Eiweiss dürfte seit der Einführung des Celloidins in die mikroskopische Technik für pathologisch-anatomische Untersuchungen kaum noch zur Anwendung kommen. Erwähnung verdienen aber noch einige Methoden, die für gröbere Untersuchungen manchmal Verwendung finden.

Um kleine Objecte, namentlich auch membranartige Theile schnell schnittfähig zu machen, kann man dieselben zwischen zwei Stücke ge-härteter Rinds- oder Amyloidleber einklemmen. Man ;ver-fährt so, dass man ein Stück Amyloidleber halbirt, das zu schneidende Object zwischen die beiden Hälften bringt und nun aus freier Hand mit dem Rasirmesser oder auch mit einem kleinen Cylindermikrotom Schnitte durch die Leber macht, die dann immer zugleich einen Schnitt des zu untersuchenden Stückes liefern.

Hollundermark wendet man in ähnlicher Weise an: man spaltet dasselbe und bringt das zu schneidende Object zwischen die beiden Hälften. Das Hollundermarkstückchen mit dem Präparat wirft man dann für einige Minuten in Wasser, wo das Hollundermark aufquillt und das Präparat nun fest umschliesst. Man schneidet ebenfalls frei oder in einem Cylindermikrotom.

Eine weitere primitive Einbettungsmethode besteht darin, dass man das zu schneidende Object, welches nur wenige Millimeter hoch sein darf, auf einem Kork in einen grossen Tropfen Gummilösung her-einstellt. Dann bringt man den Kork in 96%igen Alkohol, wo der Gummi erstarrt und einen festen Mantel um das Präparat bildet.

SECHSTES CAPITEL.

Injectionsverfahren.

Zur besseren Sichtbarmachung von Blutgefässen, namentlich des unter gewöhnlichen Verhältnissen wenig hervortretenden Capillarsystems, dann auch von Lymphgefässen, von Drüsenkanälen mit ihren Verzwei-gungen etc. bedient man sich der Injectionsmethode, d. h. der künstlichen Füllung der betreffenden Hohlräume mit einer Farbstofflösung; es kommt aber das Injectionsverfahren für die pathologische Histologie nicht so häufig zur Anwendung wie für die normale.

Hauptbedingung ist, dass die Farbflüssigkeit nicht unter zu hohem Druck eingetrieben wird, weil sonst leicht die Gefässwände reissen und so künstliche Extravasate entstehen; ausserdem muss der Druck ein möglichst constanter sein. Bei hinreichender Uebung kann man auch bei Anwendung der gewöhnlichen Spritzen erheblichere Druckschwan-kungen vermeiden. Das Verfahren ist aber ein etwas langwieriges. Die Spritze muss sorgfältig gearbeitet sein, und der Stempel sich leicht hin und her bewegen lassen. Zwischen dem Ansatzstück der Spritze und der in das Gefäss einzuführenden Canüle muss eine Abschlussvor-richtung vorhanden sein, damit man beim Ab- und Ansetzen der Spritze behufs neuer Füllung nicht in Gefahr kommt, Luftblasen mit zu injiciren. Ausserdem ist es gut, wenn man Canülen von verschiedenem Durch-messer besitzt. Dieselben werden in den Anfangstheil des Gefässes eingebunden, und die Injection so lange fortgesetzt, bis eine hinreichend intensive Färbung erreicht ist, oder bis die Injectionsflüssigkeit aus der Vene eine Zeit lang abgeflossen ist.

Sehr häufig ereignet es sich, dass schon im Anfang der Injection die Flüssigkeit aus oberflächlichen verletzten Gefässen, namentlich auch aus den Kapselvenen (Niere) abfliesst. Derartige Gefässe schliesst man, wenn die austretende Flüssigkeit reichlicher ist, durch Schieberpincetten oder durch Serres fines.

Einen Apparat zum Injiciren unter constantem, nach Belieben zu steigerndem oder zu verminderndem Druck kann man sich, wenn man eine Wasserleitung zur Verfügung hat, mittels zweier Flaschen leicht herstellen. Die erste dieser Flaschen, A, die luftdicht verschlossen ist, steht vermittels eines bis auf den Boden reichenden Glasrohres und eines sich daran ansetzenden Schlauches mit dem Hahne einer Wasserleitung in Verbindung. Ausserdem führt von dieser Flasche ein zweites, winklig gebogenes Glasrohr in die mit einem doppelt durchbohrten Stöpsel versehene zweite Flasche B, in die es ziemlich dicht unter dem Stöpsel einmündet. Diese Flasche B ist dann ganz ähnlich wie die gewöhnlichen Spritzflaschen mit einem zweiten ebenfalls gebogenen bis auf den Boden reichenden Glasrohr versehen, an dessen Ausmündungsstelle ein Gummischlauch mit der betreffenden Canüle angebracht ist.

Füllt man nun die zweite Flasche B mit der Injectionsflüssigkeit und lässt in die Flasche A ein gewisses Quantum Wasser von der Leitung laufen, so drückt die dadurch in A comprimirte Luft in der Flasche B auf die Injectionsflüssigkeit und bringt diese zum Ausfliessen.

Kann man die Wasserleitung nicht benutzen, so muss dieselbe durch eine dritte Flasche C ersetzt werden, welche höher steht und welche mit Wasser oder mit Quecksilber gefüllt ist. Diese dritte Flasche C ist dann mit der Flasche A durch einen mittels Quetschhahn verschliessbaren Gummischlauch verbunden. Oeffnet man diesen Quetschhahn, so fliesst ein beliebig zu normirendes Quantum Wasser, resp. Quecksilber in die Flasche A und wirkt dann, indem in dieser die Luft comprimirt wird, in derselben Weise wie die Wasserleitung.

Es ist selbstverständlich, dass die Flasche C, wenn sie mit Wasser gefüllt ist, viel höher stehen muss, als wenn sie Quecksilber enthält.

Es sind nun sog. kaltflüssige Injectionsmassen im Gebrauch, bei denen der Farbstoff in Wasser oder Glyzerin suspendirt ist, und warmflüssige Injectionsmassen, die einen Zusatz von Leim enthalten und daher nur in der Wärme flüssig sind, während sie bei gewöhnlicher Temperatur erstarren.

Die letzteren geben bessere Resultate, das Verfahren ist aber umständlicher, weil sowohl die Injectionsmasse, wie das zu injicirende Organ auf 40^0—50^0 gehalten werden müssen. Das letztere bringt man am besten in Wasser von der eben genannten Temperatur.

Von den zahlreichen Injectionsmassen, die empfohlen worden sind, seien hier nur die folgenden angeführt:

1) Lösliches Berliner Blau   1,0
    Aqua destillata   20,0.

2) Injectionsflüssigkeit von Cohnheim.
    Anilinblau   1,0
    0,5%ige Kochsalzlösung   600,0.

3) Leimmasse und Berliner Blau nach Thiersch; man bereitet sich:
    A) eine kaltgesättigte Lösung von schwefelsaurem Eisenoxydul;
    B) eine kaltgesättigte Lösung von rothem Blutlaugensalz;
    C) eine gesättigte Lösung von Oxalsäure;
    D) eine Lösung von Leim im Verhältniss 2 : 1.

Es werden nun zunächst 15 g von D mit 6 ccm von A in einer ersten Porzellanschale vermischt. Dann werden in einer zweiten Schale 30 g von D mit 15 ccm von B vermischt, und dann noch 12 ccm von C hinzugefügt. Nun wird, nachdem die Massen in beiden Schalen auf 30° abgekühlt sind, der Inhalt der ersten Schale tropfenweise und unter beständigem Umrühren zu dem in der zweiten Schale gegeben. Dann wird die ganze intensiv blau gefärbte Masse auf 70°—100° erhitzt und in einem Heisswassertrichter durch Flanell filtrirt.

4) KOLLMANN's kaltflüssige Karmininjection.

1 g Karmin wird in wenig Wasser mit 15 Tropfen concentrirtem Ammoniak gelöst und mit 20 ccm Glyzerin verdünnt.

Dazu setzt man eine Mischung von Glyzerin 30 und Kochsalz 1 g. Das Ganze wird dann mit der gleichen Menge Wasser verdünnt.

Zu bemerken ist noch, dass man gute kalt- und warmflüssige Injectionsmassen von Dr. Grübler, Leipzig, Bayersche Strasse 12 beziehen kann.

Hat man eine Leiminjectionsmasse angewandt, so bringt man das Organ nach vollendeter Injection in kaltes Wasser, um das Erstarren der Injectionsmasse zu beschleunigen, von da wird es in 80%igen Spiritus übertragen.

Organe, die mit kaltflüssiger Injectionsmasse injicirt sind, werden direct in Spiritus gebracht und hier nach einigen Stunden in nicht zu kleine Stücke zerschnitten.

Erwähnung verdient noch die Injection der Lymphgefässe durch die Einstichmethode. Eine feine Canüle wird vorsichtig an der betreffenden Stelle eingestochen, und zwar oft am zweckmässigsten durch eine Gefässwand hindurch, in deren Umgebung hinein. Dann werden unter sehr vorsichtigem Druck die so getroffenen Lymphspalten und Lymphgefässe injicirt.

SIEBENTES CAPITEL.
Anfertigung und Aufbewahrung von Schnitten.
Serienschnitte.

Zur mikroskopischen Untersuchung geeignete Schnitte lassen sich sowohl von frischen, wie von gehärteten Präparaten gewinnen; gewöhnlich werden sie aber von den letzteren hergestellt, weil sie viel dünner und gleichmässiger werden, weil sie sich besser färben und auch besser als Dauerpräparate aufgehoben werden können. Man darf es jedoch nicht unterlassen auch Schnitte von frischen Präparaten in Wasser oder in 0,6%iger Kochsalzlösung zu untersuchen, da manche Eigenschaften der Gewebe sich bei der Härtung ändern.

Für manche Untersuchungen genügen mit freier Hand geführte Schnitte, welche mit einem scharfen, auf beiden Seiten hohl geschliffenen Rasirmesser ausgeführt werden. Die Schneide des Messers muss vollkommen gerade, darf also nicht gebaucht sein.

Das zu schneidende Object wird mit dem Daumen und dem Zeigefinger der linken Hand gefasst, so dass es über die Radialseite des Zeigefingers etwas hervorragt. Es wird zunächst eine glatte Schnitt-

fläche angelegt und von dieser dann möglichst dünne Schnitte abge-
schnitten.

Die Klinge des Messers wird da, wo sie am Griff befestigt ist, mit
dem Daumen und dem Zeigefinger der rechten Hand gefasst. Sie wird
dann unter leichter Neigung der Schneide gegen das Präparat gezogen, ohne Anwendung irgend eines, auch nur geringen Drucks.
Das Schneiden geschieht also durch Zug, nicht durch Druck!

Man gewinnt gleichmässigere Schnitte und erleichtert sich das
Schneiden, wenn man die Messerklinge auf die Radialseite des linken
Zeigefingers, welcher das Präparat hält, auflegt und so eine Stütze für
dieselbe gewinnt.

Stets muss das Messer ausgiebig befeuchtet sein, und zwar bei
frischen Präparaten mit Wasser oder schwachem, bei gehärteten mit
starkem Spiritus. Von der Messerklinge bringt man die Schnitte in
eine flache breite Schale mit Wasser oder dünnem Spiritus.

Doppelmesser sind entbehrlich.

Mikrotome.

Vollkommnere, gleichmässigere und grössere Schnitte erhält man
durch Anwendung der Mikrotome, von denen hauptsächlich die folgenden
im Gebrauch sind.

1) Zerlegbare Cylindermikrotome aus Metall, mit einer
Schlussplatte von Stahl. Dieselben bestehen aus einem Hohlcylinder, dessen
Boden durch eine von unten wirkende Schraube gehoben werden kann,
und der mit dieser Hebung dann auch das Präparat nach oben verschiebt.
Der Cylinder ist oben mit einer Schlussplatte versehen. Das Messer
wird beim Schneiden — es eignet sich dazu jedes doppelt hohlgeschliffene
Rasirmesser mit gerade verlaufender Klinge — mit Alkohol befeuchtet,
auf die Schlussplatte aufgelegt und ohne Druck über dieselbe so hin-
gezogen, dass seine ganze Schneide, vom Anfang bis zum Ende, zur
Wirkung kommt. Brauchbar für den Arzt ist nur ein zerlegbares
Mikrotom, bei welchem der Durchmesser des Hohlcylinders 12—18 mm,
der Durchmesser der Schlussplatte vom Rand derselben bis zur centralen Oeffnung etwa 12 mm beträgt. Bei einem solchen Instrument
lässt sich jedes Rasirmesser mit gerade verlaufender Schneide verwenden,
während eine grössere Schlussplatte oder eine grössere Cylinderweite
eigens construirte Messer erfordern.

Das Cylindermikrotom dient nur zum Schneiden gehärteter Präparate. Vertragen dieselben, wie das meist der Fall ist, eine gewisse
Compression, ohne dass sie sich dabei erheblich verändern, so bettet
man sie in ein Stück Amyloidleber oder Hollundermark ein, welches
so zugeschnitten ist, dass es in den Hohlcylinder gerade hereinpasst,
und schliesst das Ganze zwischen den beiden auseinandergenommenen
Hälften des Hohlcylinders ein.

Darf das Präparat nicht gepresst werden, so giesst man in den
geschlossenen Hohlcylinder so viel durch Erwärmen flüssig gemachtes
Solarparaffin ein, als nothwendig ist, um den Boden des Cylinders zu
bedecken. Dann bringt man das Stück in den Hohlraum und füllt man
den seitlich vom Präparat und über demselben frei bleibenden Hohlraum
mit flüssigem Paraffin aus. Es handelt sich hier also um eine einfache
Umgiessung des Präparats mit Paraffin, nicht um eine gleichzeitige
gründliche Durchtränkung, wie bei der Einbettung.

Uebrigens kann man das Anhaften des Paraffins am Präparat noch dadurch befördern, dass man zuvor das letztere für einige Stunden in ein Lösungsmittel des Paraffins: Xylol, Benzin, Bergamottöl u. s. w. einlegt. Mit denselben Reagentien wird nachher aus den einzelnen Schnitten das Paraffin wieder entfernt.

Cylindermikrotome mit Halter zum Befestigen am Tisch sind nicht praktisch; ebenso sind Mikrotome mit unzerlegbarem Cylinder und solche, bei denen die Schlussplatte mit Glas verkleidet ist, nicht zu empfehlen.

2) Die Schlittenmikrotome sind viel vollkommnere Instrumente. Die Schnitte werden dünner, gleichmässiger, und man kann viel grössere Schnitte mit ihnen anfertigen.

Bei den Schlittenmikrotomen wird das Messer in einem Schlitten geführt, der auf drei, ganz glatt polirten und gut geölten Schienen hin und her bewegt wird.

Das Präparat wird entweder von unten nach oben direct in einer Klammer durch eine Schraube in die Höhe gehoben, oder es kommt dadurch langsam um eine gewisse Anzahl von Theilstrichen in die Höhe, dass es auf einer schiefen Ebene durch Schraubenvorrichtung langsam vorgeschoben wird.

Das Präparat wird dabei entweder direct in einer Klammer oder in einer cylinderartigen, zu seiner Aufnahme bestimmten Vorrichtung befestigt, und man kann sich dabei der mehrfach erwähnten Einklemmung in Amyloidleber oder Hollundermark bedienen; oder man klebt das Präparat auf einem Kork fest, der dann seinerseits in die Klammer eingeschraubt wird.

Bei dem letzteren Verfahren, welches das allgemeiner gebräuchliche ist, schneidet man sich eine flache Scheibe aus dem betreffenden Object zurecht und klebt sie auf den vorher mit einem Messer rauh gemachten Kork mit sogen. flüssigem Leim auf. Dann kommt der Kork auf einige Stunden in absoluten Alkohol oder starken Spiritus, in dem die Leimmasse erstarrt und fest wird.

Schneller und sicherer erreicht man das Festkleben noch mit einer Glyzeringelatinemischung: man lässt Gelatine einige Stunden in Wasser aufquellen, giesst dann das Wasser ab und kocht die aufgequollene Gelatine mit dem gleichen Volumen Glyzerin, dem man gegen spätere Schimmelbildung etwas Campher oder eine Spur Sublimat zugesetzt hat. Die flüssige Masse wird durch Leinwand filtrirt und erstarrt dann. Zum Gebrauch macht man jedesmal ein erbsengrosses Stückchen derselben auf einem sog. Kartoffelmesser über der Flamme flüssig, bringt nun den flüssigen Tropfen auf den Kork und setzt das Präparat darauf. In Alkohol wird dann die Masse sehr rasch starr und fest.

Es muss durchaus davor gewarnt werden, die Stücke, die man auf Kork aufkleben will, zu hoch auszuschneiden. Dieselben sollen nicht höher als 8 mm sein, weil sie sich sonst leicht vor dem Messer etwas ausbiegen.

Als Messerstellung empfiehlt sich für die Mehrzahl der Fälle eine möglichst spitzwinkelige Richtung der Klinge zum Präparat, so dass die ganze Klinge zur Wirkung kommt und ausgenutzt wird. Nur bei sehr kleinen und sehr harten Präparaten kann die Stellung des Messers sich mehr der senkrechten nähern. Allgemein gültige Regeln lassen sich übrigens schwer geben; oft muss man verschiedene Stellungen des Messers durchprobiren, bis man die für das betreffende Präparat passende gefunden hat.

Auch bei den Schlittenmikrotomen müssen das Messer und das Präparat stets mit Spiritus befeuchtet sein, den man mit einem Pinsel aufträgt. Besondere Tropfvorrichtungen werden zwar jetzt in mancherlei Form zu den einzelnen Mikrotomen construirt, sind aber entbehrlich. Man entfernt die Schnitte von dem Messer mittels eines feinen Pinsels und überträgt sie in eine Schale mit Wasser oder verdünntem Spiritus. Auch mit einer biegsamen, vorn stumpfen silbernen Nadel lassen sich die Schnitte sehr gut abnehmen. Man darf mit derselben natürlich nicht die Schneide des Messers berühren.

Paraffinpräparate müssen trocken geschnitten werden. Dabei rollen sich dieselben leicht auf. Es sind verschiedene Vorrichtungen, sog. Schnittstrecker angegeben worden, um dieses Aufrollen zu verhindern, z. B. ein hakenförmig umgebogener, am Messer befestigter Draht, dessen vorderer Theil sich über das Präparat hinlegt. Am einfachsten verhindert man das Aufrollen der Paraffinschnitte durch Auflegen eines schmalen, bandförmigen Streifens Cartonpapier (Visitenkarte), mit dem die linke Hand den Schnitt an die Fläche des Messers andrückt. Auch ein kleiner Hornspatel kann ähnlich gebraucht werden.

3) Das GUDDEN'sche Mikrotom ermöglicht es, die Schnitte unter Wasser anzufertigen, was namentlich bei sehr grossen Gehirnschnitten erwünscht sein kann. Dasselbe ist so eingerichtet, dass das betreffende Präparat in einem Metallcylinder durch einen Stempel in die Höhe gehoben wird. Dieser Metallcylinder befindet sich mit dem Messer in einer Wanne mit Wasser. Zum Befestigen des Stückes in dem Cylinder dient eine Umgiessungsmasse von

Stearin 12 Theile,
Schweinefett 12 Theile,
Wachs 1 Theil.

4) Die Gefriermikrotome verdienen eine gesonderte Besprechung. Bei denselben wird das Präparat auf die obere Fläche einer Metallplatte gelegt, gegen deren untere Fläche ein Aetherspray wirkt.

Die Stückchen für das Gefriermikrotom sollen nicht höher als 4 mm sein, weil sie sonst schwer und ungleich frieren. Das Präparat muss, bevor man es zum Frieren bringt, vollständig durchwässert sein und darf keine Spur von Spiritus mehr enthalten. Die Durchwässerung wird bei einer Temperatur von 30° schneller bewirkt, als bei gewöhnlicher Temperatur. Im Allgemeinen thut man aber gut, Präparate, die in Spiritus gehärtet waren, wenigstens eine Nacht lang in einer reichlichen Menge von Wasser liegen zu lassen. Celloidinpräparate, die in 80°/°igem Spiritus gelegen hatten, müssen ebenfalls für wenigstens 12 Stunden in reichliche Mengen von Wasser übertragen werden. Stücke, die in MÜLLER'scher Flüssigkeit liegen, können direct, oder nachdem sie nur kurze Zeit in Wasser gelegt sind, auf dem Gefriermikrotom geschnitten werden. Eine Nachhärtung in Spiritus ist für das Gefriermikrotom nicht nothwendig.

Das Präparat wird, bis es angefroren ist, mit einem Scalpellstiel leicht gegen die Platte angedrückt. Wenn das Präparat nicht fest anfriert, so liegt der Grund meistens darin, dass es nicht ganz von Spiritus befreit ist, und man bringt dasselbe dann noch einmal für einige Stunden in Wasser zurück; oft kann man sich auch dadurch helfen, dass man an diejenige Stelle, wo sich zwischen Präparat und Metallplatte ein spaltförmiger Raum zeigt, mit dem Nadelstiel noch einen Tropfen Wasser bringt. Auch kann man die untere Fläche des Präparats mit einer dünnen Schicht flüssigen Leims bestreichen. Das Stück soll vollständig durchfroren sein, es darf aber andererseits nicht zu hart sein, sonst fasst das Messer nicht ordentlich, und es erhalten auch oft die einzelnen Schnitte ein streifiges Aussehen.

Das Object legt man auf der Platte des Gefriermikrotoms so auf, dass das Messer das Präparat zunächst an einer Ecke, nicht von einer ganzen Seite aus fasst.

Man überträgt die Schnitte vom Messer am besten in dünnen, etwa 80%igen Spiritus, weil sie sich dann später besser aufrollen, als wenn man sie in Wasser bringt.

Die Gefriermikrotome haben für frische, der Leiche entnommene Stücke nur einen bedingten Werth, weil bei dem Gefrieren die Structur der Gewebe so bedeutende Veränderungen erleidet, dass man von der Vornahme einer feineren Untersuchung meist absehen muss. Sehr brauchbar ist das Gefriermikrotom dagegen zur Anfertigung von Schnitten bei Stücken, die in Müller'scher Flüssigkeit vollkommen aus-gehärtet sind, und von Celloidinpräparaten. Diese werden durch das Frieren gar nicht verändert, und es ist das Verfahren andererseits sehr bequem, weil gar keine Vorbereitungen, wie Aufkleben auf Kork etc., nöthig sind. Ausserdem erhält man mit dem Gefriermikrotom viel feinere und gleichmässigere Schnitte als mit jedem anderen Mikrotom.

Bezugsquellen für Mikrotome:
    Mechaniker Becker, Göttingen.
          ,,   Jung, Heidelberg.
    Instrumentenmacher Katsch, München.
    Herr Dr. Long, Berlin.
    Mechaniker Schanze, Leipzig.

Serienschnitte.

Eine besondere Technik erfordert die Anfertigung von Serien-schnitten.

Für Celloidinpräparate bedient man sich dazu am besten des Weigert'schen Verfahrens. Man schneidet sich schmale Streifen von Closetpapier, deren Breite den Durchmesser der aufzulegenden Schnitte etwa um das Doppelte übertrifft. Der Schnitt wird nun, wenn er sich nicht von selbst dicht an die Schneide des Messers anlegt, vorsichtig mit der Nadel dorthin gerückt. Dann legt man den Papier-streifen von oben her auf den Schnitt und zieht ihn mit letzterem wagerecht oder ein klein wenig nach oben abhebend in der Richtung der Messerfläche nach links hin fort. Das Abziehen gelingt aber nur, wenn der Schnitt nicht in gar zu viel Spiritus schwimmt. Der nächste Schnitt kommt auf dem Papierstreifen immer an die rechte Seite des vorigen. Die Streifen müssen nun, während die einzelnen Schnitte auf-gelegt werden, namentlich aber auch dann, wenn sie die entsprechende Anzahl von Schnitten aufgenommen haben und weitere Streifen präparirt werden, feucht gehalten werden. Zu dem Zwecke stellt man neben dem Mikrotom einen flachen Teller auf, der mit einer einfachen Lage von spiritusdurchtränktem Fliesspapier und darüber mit einem Blatt Closetpapier versehen ist. Auf dieses legt man die einzelnen Streifen so, dass die Präparate nach vorn sehen.

Ist das ganze Stück geschnitten, so bringt man jeden Papierstreifen, die Präparate nach unten, auf eine Glasplatte, die man vorher mit einer dünnen Collodiumschicht bedeckt hat, und drückt ihn dort ganz sanft an. Dann gelingt es leicht, die Papierstreifen so abzuziehen, dass die Schnitte in richtiger Reihenfolge auf der Collodiumschicht haften bleiben. Ist noch Flüssigkeit auf der Oberfläche vorhanden, so entfernt man diese, ohne jedoch die Schnitte ganz trocken werden zu lassen. Sofort bedeckt man dann die Schnitte mit einer zweiten, ebenfalls dünnen und gleichmässigen Collodiumschicht und stellt dann die Platte auf die Kante, um die folgenden weiter zu behandeln. Man markirt dann noch die Reihenfolge der Schnitte durch einen feinen in Methylenblau getauchten Stift.

Bringt man nun die so behandelten Glasplatten in Färbeflüssigkeit — es ist zunächst die WEIGERT'sche Hämatoxylinlösung zur Färbung des Centralnervensystems vorgesehen — so löst sich sehr bald die ganze Collodiummasse mit den eingeschlossenen Schnitten von der Unterlage ab.

Nach beendeter Färbung kann man die Collodiumplatten in passender Weise unter Wasser mit der Schere zerschneiden; sie kommen dann in 96%igen (nicht absoluten!) Alkohol. Die Schnitte dürfen nicht in Nelkenöl aufgehellt werden, und da auch Origanumöl wegen seiner grossen Empfindlichkeit gegen Wasserreste unbequem ist, so hellt man die Schnitte auf in einer Mischung von Xylol 3, Acidum carbolid. pur. 1. Auf den Boden der Flasche, in der man diese Mischung, die immer wieder gebraucht werden kann, aufbewahrt, bringt man etwas ausgeglühtes weisses Kupfervitriol. Wenn sich dasselbe bläut, wird es durch neues ersetzt oder von neuem ausgeglüht.

2) Serienschnitte von Paraffinpräparaten fertigt man in der Weise an, dass man die Schnitte in bestimmter Reihenfolge auf Objectträgern aufklebt, die mit einer Mischung von Nelkenöl und Collodium 3 : 1 bestrichen sind. Das weitere Verfahren Entfernung des Paraffins, Färben etc. ist dasselbe wie p. 16 angegeben wurde. Die einzelnen Objectträger kann man numeriren. Sind die Präparate nicht vorgefärbt, so färbt man auf dem Objectträger. Ein dem WEIGERT'schen nachgebildetes Verfahren, welches sich dann empfiehlt, wenn die Schnitte so gross sind, dass man nicht eine ganze Anzahl derselben auf einen Objectträger unterbringen kann, hat STRASSER angegeben. Man stellt sich Papiergummicollodiumplatten her, welche die Rolle der WEIGERT'schen Collodiumglasplatten übernehmen, indem man gut ausgespanntes Schreibpapier mit einer Mischung von 4 Theilen des officinellen Mucilag. Gumm. Arabic. und 1 Theil Glyzerin bestreicht. Ist das Papier trocken geworden, so streicht man möglichst schnell Collodium darüber, welches bis zur Consistenz des gewöhnlichen Glyzerins durch Aether verdünnt ist, und dem $^1/_{100}$ Volumtheil Ricinusöl zugesetzt ist. Dieser Anstrich wird mehrmals wiederholt. Vor dem Schneiden des Paraffinstückes wird nun auf die so beschaffene Papier-Gummicollodiumplatte eine Klebemasse aufgetragen von

Collodium 2 Volumtheilen
Aether 2 „
Ricinusöl 3 „

Die Schnitte werden möglichst glatt auf diese Klebemasse aufgelegt und dann mit ebenderselben Klebemasse bedeckt.

Zur Entfernung des Paraffins werden nun die Platten für eine halbe bis mehrere Stunden in Terpentinöl gebracht und von da in Chloroform übertragen. Aus dem Chloroform kommen die Platten noch 15 Minuten in 80 $\frac{0}{0}$ — 85 $\frac{0}{0}$ igen Alkohol. Bringt man nun die Platten vor der Färbung in Wasser oder 10 $\frac{0}{0}$ igen Spiritus, so löst sich der Gummi und mit ihm die Papierplatte ab, und es kann nun in derselben Weise verfahren werden, wie bei der Weigert'schen Methode. Selbstverständlich kann die Entfernung des Papiers nur in wässeriger Farbstofflösung vor sich gehen.

3) In neuester Zeit hat Darkschewitsch eine verhältnissmässig einfache Methode angegeben, um Schnittserien anzufertigen und in ihrer Reihenfolge aufzubewahren.

Ein Glascylinder oder ein Glasgefäss von dem ungefähren Umfang der zu bearbeitenden Schnitte wird mit Spiritus gefüllt. Darauf schneidet man sich aus Löschpapier Scheiben von solcher Grösse, dass sie gut in das Glasgefäss passen. Diese Scheiben werden mit einem gewöhnlichen Bleistift numerirt, der Reihenfolge nach gelegt und gut mit Spiritus durchtränkt. Jeder Schnitt wird nun in der Weise von dem Messer des Mikrotoms entfernt, dass man das Löschpapier sanft aufdrückt und dann abzieht. Die Papierscheiben werden dann, die Schnittseite nach oben, in dem Glascylinder in der richtigen Reihenfolge säulenförmig über einander gelegt, so dass jeder Schnitt auf dem mit der entsprechenden Nummer versehenen Papierstück liegt.

Es können die Schnitte beliebig lange aufgehoben werden. Will man färben, so entfernt man den Spiritus, spült eventuell noch mit destillirtem Wasser nach und giesst dann die Farbstoflösung auf. Ebenso verfährt man im weiteren Verlauf mit den anderen etwa anzuwendenden Reagentien. Die letzteren können auch auf flachen Tellern zur Einwirkung gebracht werden. Die Schnitte lösen sich von selbst nicht wieder von ihrer Unterlage ab.

ACHTES CAPITEL.

Behandlung mikroskopischer Präparate mit Reagentien und Färbemittteln.

Wenn man Schnitte von gehärteten Präparaten im ungefärbten Zustande untersucht, so können zur Erleichterung der Untersuchung alle bei der Untersuchung frischer Präparate in Cap. II angeführten Reagentien zur Anwendung kommen. Die Untersuchung wird in reinem Glyzerin oder in mit der Hälfte Wasser verdünntem Glyzerin vorgenommen.

Als Isolationsmethoden für Schnitte sind noch das Auspinseln oder Ausschütteln und die künstliche Verdauung zu erwähnen.

Die Methode des Auspinselns oder Ausschüttelns kommt namentlich in Betracht, wenn man den bindegewebigen Stützapparat von drüsigen Organen oder wenn man das Stroma von Geschwülsten, besonders von Carcinomen, isolirt, nach Entfernung der Zellen untersuchen will.

Beim Auspinseln verfährt man so, dass man den auf dem Objectträger ausgebreiteten Schnitt an einer Seite mit der Präparirnadel festhält und nun mit einem feinen Pinsel vorsichtig und wiederholt von der Nadel an nach der entgegengesetzten Seite hinfährt und so nach und nach alle Zellen entfernt. Man kann auch, genau in derselben Weise, das Auspinseln in einem Schälchen mit Wasser vornehmen.

Zum Ausschütteln bringt man den Schnitt in ein Reagenzglas welches zum Theil mit Wasser gefüllt ist, und schüttelt so lange, bis die Zellen ausgefallen sind.

Bei der Methode der künstlichen Verdauung, die übrigens eine ausgedehntere Verwendung in der pathologisch-histologischen Technik nicht gefunden hat, setzt man die Schnitte oder Stückchen mehrere Tage lang bei Brütofentemperatur der Einwirkung einer Trypsinlösung aus. Dann werden die Objecte in einem Reagenzglas mit Wasser ordentlich geschüttelt und schliesslich in Kochsalzlösung untersucht.

Die Trypsinlösung stellt man sich in der Weise her, dass man ein frisches Rinderpankreas im Extractionsapparat so lange mit Alkohol und Aether behandelt, bis eine weisse, leicht zerreibliche Masse zurückbleibt. Von dieser Masse wird 1 Theil in 5—10 Theile 0,5 %iger Salicylsäurelösung 3—4 Stunden lang bei 40° C gebracht und dann filtrirt.

Durch das Trypsin werden die Zellen und die Kittsubstanz in den Geweben zerstört, während die fibrillären Bestandtheile erhalten bleiben.

Allgemeines über die Färbetechnik. Weiterbehandlung und Conservirung der Schnitte nach der Färbung. [1])

Die moderne Färbetechnik beruht auf der Thatsache, dass die einzelnen Gewebe verschiedenen Farbstoffen gegenüber eine verschiedene Affinität zeigen, so dass durch Anwendung bestimmter Farbstoffe ein Gewebe gegenüber seiner Umgebung besonders hervorgehoben und deutlich gemacht werden kann.

Diese Affinität der einzelnen Gewebe zu bestimmten Farbstoffen tritt manchmal schon bei der einfachen Färbung hervor, indem nur eine bestimmte Gewebsart durch den Farbstoff überhaupt oder doch ganz vorzugsweise gefärbt wird. In anderen Fällen nehmen bei der Färbung zunächst alle Gewebe eines Schnitts gleichmässig die Farbe an; es behält sie aber bei Anwendung bestimmter Entfärbungsmittel nur ein Gewebe, während die anderen, die vorher ebenfalls die Farbe angenommen hatten, diese wieder abgeben.

Von ganz besonderer Wichtigkeit ist die Thatsache, dass sich auch die Bestandtheile der einzelnen Zelle, Protoplasma und Kern, Farbstoffen gegenüber verschieden verhalten, und es spielen diejenigen Farbstoffe, die entweder ausschliesslich oder ganz vorzugsweise den Kern färben, während das Protoplasma ungefärbt bleibt oder nur einen ganz schwachen Farbenton annimmt, die sog. Kernfärbungsmittel, in der histologischen Technik eine hervorragende Rolle. Man kann die durch Färbungen erzielbare Differenzirung der Gewebe noch vermehren, wenn man Doppelfärbungen anwendet, d. h. nach einander oder auch gleichzeitig in ein und derselben Lösung zwei verschiedene Farben einwirken lässt, die entweder verschiedene Gewebe färben, oder die, wenn es sich hauptsächlich um Zellen handelt, Protoplasma und Kern mit verschiedenen Farben hervortreten lassen.

---

1) Bezugsquellen für Farben, sowie für die übrigen bei mikroskopischen Untersuchungen gebräuchlichen Reagentien sind ausser vielen anderen: Dr. Grübler, Leipzig, Bayersche Strasse; G. König, Berlin, Dorotheenstrasse 35 etc.

Hämatoxylin und Karmin kann man auch aus den Apotheken beziehen.

Für die Anwendung der Färbemittel lassen sich folgende allgemeine Grundsätze aufstellen:

1) Alle Farbflüssigkeiten müssen vor dem jedesmaligen Gebrauch filtrirt werden. Es ist deshalb praktisch, jede Flasche für sich mit einem kleinen Glastrichter, in dem ein Filter steckt, zu verschliessen. Dieses Filter kann dann für die betreffende Farblösung meist 4—6 Wochen lang gebraucht werden.

2) In der Farbflüssigkeit müssen die Schnitte möglichst ausgebreitet liegen, und es dürfen nicht mehrere Schnitte fest über einander liegen, weil sonst oft einzelne Stellen noch nicht hinreichend gefärbt sind, während andere Stellen, die ausgiebiger mit der Farblösung in Berührung gekommen sind, schon genügend oder sogar überfärbt sind. Es empfiehlt sich daher auch, die Schnitte in der Farblösung mit der Nadel oder durch Anblasen der Flüssigkeit vorsichtig hin und her zu bewegen. Vor Allem ist es aber auch wichtig, dass man hinreichend grosse Schalen und reichliche Mengen von Färbeflüssigkeit anwendet, die nach dem jedesmaligen Gebrauch zurückgegossen und aufbewahrt werden kann.

3) Die zur Erzielung einer guten Färbung nothwendige Zeit ist keine ganz unveränderliche; sie schwankt vielmehr immer innerhalb gewisser, wenn auch meist enger, Grenzen. Es ist dabei nicht nur das Alter der Färbeflüssigkeit von Einfluss, indem ältere Färbeflüssigkeiten oft schneller und intensiver färben als frisch bereitete, sondern es spielt auch die Art der Härtung und Conservirung, sowie namentlich das Alter des Präparats eine Rolle. Aeltere Präparate färben sich oft langsamer und weniger intensiv als frischere. Schliesslich zeigen auch die Zellen der einzelnen Organe ein etwas verschiedenes Verhalten Farbstoffen gegenüber.

Man kann aber oft auch bei schwieriger zu färbenden Objecten die Färbung erreichen:

a) durch längere Einwirkung der Farblösung bis zu 24 Stunden;
b) durch stärkere Concentration der Farblösung;
c) durch Erwärmen der Farblösung, namentlich durch längeres Färben bei Brütofentemperatur.

4) Das Auswaschen der Schnitte, meist in destillirtem Wasser, muss auf das sorgfältigste und so lange vorgenommen werden, bis das Wasser keinen Farbstoff mehr annimmt. Auch nach dem Auswaschen ist es oft nützlich, die Schnitte noch mehrere Stunden lang in reichlichem destillirtem Wasser zu belassen.

Die Schnitte werden dann, abgesehen von einzelnen Ausnahmen, entweder in **Glyzerin** oder in **Kanadabalsam** untersucht und conservirt. Dammarharz ist als Einschluss nicht zu empfehlen, namentlich nicht für Hämatoxylinpräparate. In Glyzerin kann der Schnitt sofort aus dem destillirten Wasser übertragen werden. Hämatoxylinpräparate müssen aber erst längere Zeit ausgewässert sein, ehe man sie in Glyzerin einlegen kann. Man bedient sich auch dazu passend des Spatels. Das überflüssige Wasser wird mit Fliesspapier abgesaugt. Oft ist es bequem, zunächst den Schnitt in Wasser auf den Objectträger zu bringen, dieses mit Fliesspapier zu entfernen und dann erst Glyzerin zuzugeben. Man kann dann die nöthige Menge des Glyzerins besser bemessen.

Will man den in **Glyzerin** eingelegten Schnitt aufbewahren, so muss man ihn von der Luft abschliessen. Zu dem Zwecke umzieht man den Rand des Deckglases zunächst mit Wachs, indem man mit dem Docht eines eben ausgelöschten Wachslichtes über die Ränder fährt. Es hinterlässt dann der noch warme Docht, in dem sich flüssiges Wachs befindet, einen ganz schmalen Streifen von sofort erstarrendem Wachs. Wenn das Deckglas Neigung hat, sich bei dieser Procedur zu verschieben, so kann man zunächst die vier Ecken durch Auftropfen mit dem Docht fixiren.

Bedingung für das Gelingen der Wachsumrandung ist, dass an den Rändern des Deckglases kein überschüssiges Glyzerin hervorquillt; wenn dies der Fall ist, so muss dasselbe vorher mit einem in absolutem Alkohol eingetauchten Leinwandläppchen weggewischt werden. Auch wenn während des Umziehens mit Wachs noch Glyzerin an irgend einer Stelle hervorquillt, muss dasselbe entfernt werden.

Will man die Präparate längere Zeit aufheben, so überzieht man den Wachsrand noch mit dem käuflichen Asphalt- oder mit Maskenlack. Es muss dieser den Wachsrand nach beiden Seiten überragen, derart, dass er sowohl dem Objectträger wie dem Deckglas direct anfliegt. Der Wachsrand darf daher nur ganz schmal sein. Dagegen ist es nicht rathsam, das Deckglas direct, ohne vorherige Wachsumrandung, mit Lack zu umziehen, weil derselbe eine Zeit lang flüssig bleibt und vermöge der Capillarität unter das Deckglas vordringen kann.

Es giebt noch eine grosse Menge von Recepten zu besonderen Lackeinschlüssen; man reicht mit Asphalt- oder Maskenlack aber um so mehr aus, als der Einschluss von Präparaten in Glyzerin in der pathologischen Histologie überhaupt selten angewandt wird.

Schnitte, die in Anilinfarben gefärbt sind, dürfen überhaupt nicht in Glyzerin conservirt werden, weil dasselbe die Anilinfarben nach und nach auszieht. Eine Ausnahme macht nur Bismarckbraun.

Bei dem Einschluss in **Kali aceticum** (gesättigte Lösung) ist das Verfahren dasselbe. Kali aceticum empfiehlt sich namentlich für Präparate, die mit Anilinfarben gefärbt sind, wenn der sonst immer vorzuziehende **Kanadabalsam** nicht zur Anwendung kommen kann. Auch Osmiumpräparate, durch welche Glyzerin gebräunt wird (cf. p. 11) werden in Kali aceticum eingelegt.

Der Einschluss in **Kanadabalsam,** der in Xylol gelöst ist, ist der in der pathologischen Histologie am meisten angewendete. Dazu ist es aber nothwendig, dass die Schnitte erst vollkommen entwässert sind, weil sie sich sonst in dem Kanadabalsam trüben.

Die Entwässerung geschieht so, dass man den Schnitt aus dem Wasser zuerst für 3—5 Minuten in den käuflichen 96%igen Spiritus und dann ebensolange in absoluten Alkohol bringt, dessen Menge sich natürlich nach der Anzahl der zu entwässernden Schnitte richtet. Da die Schnitte, die aus dem Wasser kommen, die Neigung haben, sich in starkem Spiritus zu kräuseln, so muss man sie in dem destillirten Wasser auf ein untergeschobenes Stückchen Fliesspapier aufziehen und mit diesem in Spiritus übertragen, oder man kann — was bequemer und weniger zeitraubend ist — die Uebertragung auf dem Spatel bewerkstelligen, indem man den Spatel im Alkohol erst unter dem Schnitt wegzieht, wenn derselbe etwas starr geworden ist. Etwas wird übrigens das Aufkräuseln des Schnittes auch schon dadurch verhindert, dass man denselben zunächst in 96%igen und dann erst in absoluten Alkohol bringt und ihn hier sofort mit der Nadel ordentlich ausbreitet. Es ist diese Vorschrift entschieden mehr zu empfehlen, als direct absoluten Alkohol anzuwenden und diesen noch einmal zu wechseln.

Da der absolute Alkohol sich nicht gut direct mit dem Xylolkanadabalsam verbindet, so wird der Schnitt aus dem Alkohol zunächst noch für 1—3 Minuten in ein Reagens gebracht, welches einerseits sich mit dem Alkohol, andererseits aber auch gut mit dem Kanadabalsam verbindet, und welches weiterhin die zweite sehr wichtige Fähigkeit besitzt, die Präparate aufzuhellen und durchsichtiger zu machen.

Solche Reagentien sind eine Reihe von ätherischen Oelen.

Terpentinöl wird jetzt nur noch selten angewandt. Es giebt Präparaten, die mit Berlinerblau injicirt sind, einen schönen Farbenton.

Nelkenöl ist sehr allgemein im Gebrauch. Es hat den Vortheil, dass es nicht so empfindlich gegen geringste Wasserreste ist, die sich noch im Schnitt befinden. Andererseits ist es bei Celloidinpräparaten nicht anwendbar, weil es das Celloidin sofort löst. Ausserdem hat es den Nachtheil, dass es Anilinfarben oft auszieht oder ihnen einen schmutzigen, matten Farbenton verleiht.

Bergamottöl hellt gut auf und ist auch für Celloidinpräparate zu gebrauchen; ebenso **Hopfenöl** (Ol. Origani cretic.), **Cedernholzöl** und **Lavendelöl**.

Für Präparate, die mit Anilinfarben behandelt sind, namentlich auch für Bakterienschnitte ist das Xylol mit Zusatz reiner Carbolsäure (s. p. 24) sehr zu empfehlen. Doch kräuseln sich darin die Schnitte leicht.

Für gewöhnlich genügt es, die Schnitte für 2—3 Minuten in dem Aufhellungsmittel zu belassen. Durch längeres Verweilen, eine halbe bis mehrere Stunden lang, kann man aber auch sehr dicke Schnitte noch so durchsichtig machen, dass sie ganz gut mit starker Vergrösserung untersucht werden können.

Man kann den Schnitt in einem Tropfen Oel auf dem Objectträger ausbreiten. Hat man aber viele Schnitte einzulegen, so ist es bequemer, wenn man die Präparate aus dem Alkohol in eine Schale mit dem betreffenden Oel bringt und sie aus diesem dann mit dem Spatel auf den Objectträger überträgt. Dann wird das überschüssige Oel durch Fliesspapier vorsichtig entfernt, und schliesslich der Schnitt mit einem Tropfen Kanadabalsam bedeckt und ein Deckglas aufgelegt. Wenn der Kanadabalsam dickflüssig ist, so beschleunigt man seine gleichmässige Vertheilung dadurch, dass man den Objectträger ganz leicht über der Spiritusflamme erwärmt. Ist der Kanadabalsam dünnflüssig, so lässt man die Präparate einige Tage frei an der Luft, aber vor Staub geschützt liegen, damit der Balsam eintrocknet.

Die verschiedenen Manipulationen, die ein zu färbender und in Kanadabalsam einzulegender Schnitt durchzumachen hat, sind also folgende:

1) Färben.
2) Auswaschen, gewöhnlich in destillirtem Wasser.
3) Uebertragung auf dem Spatel in 96%igen Alkohol, 3-5 Minuten.
4) Uebertragung auf dem Spatel in absoluten Alkohol, 3—5 Minuten.
5) Uebertragen in ätherisches Oel.
6) Ausbreiten auf dem Objectträger.
7) Absaugen des überschüssigen Oels mit Fliesspapier.
8) Kanadabalsam; Bedecken mit Deckglas.
9) Eventuell leichtes Erwärmen des Objectträgers.

Die Kernfärbungen.

Hämatoxylinalaun:

Bereitung: Die käuflichen Hämatoxylinkrystalle werden in einer geringen Menge absoluten Alkohols gelöst. Am besten ist es, wenn die Lösung ganz concentrirt ist und noch Krystalle im Ueberschuss enthält. Von dieser Lösung setzt man zu einer 1%igen wässerigen Alaunlösung so viel zu, bis dieselbe ein hellblaues bis hellviolettes Aussehen hat. Dann setzt man die Lösung dem Licht aus, wo sie in einigen Tagen eine gesättigte blaue Farbe annimmt. Dann ist sie zur Färbung geeignet. Als Maassstab für die Quantität der zuzufügenden alkoholischen Hämatoxylinlösung kann dienen, dass eine gut färbende Hämatoxylinalaunlösung etwa 1⅒ reines Hämatoxylin enthalten muss.

Anwendung:
1) Färben 2—3 Minuten lang.
2) Auswaschen in reichlichem destillirten Wasser.
3) In destillirtem Wasser 12—24 Stunden lang stehen lassen.
4) Alkohol — Oel — Kanadabalsam.

Das Hämatoxylin ist eins der sichersten und besten Kernfärbungsmittel, welches wir besitzen, und seine Anwendung passt für die meisten Gewebe. Die Färbung der Schnitte erhält sich viele Jahre lang ganz unverändert. Die Kerne zeigen eine intensiv blaue oder mehr violette Färbung, das Protoplasma dagegen nur einen ganz blassbläulichen Farbenton.

Wenn die Hämatoxylinlösung noch frisch ist, so färben sich die Schnitte langsam; sie dunkeln aber, worauf immer Rücksicht zu nehmen ist, in Wasser stark nach. Wenn die Lösung älter ist, so färbt sie oft schon in 1, sogar schon in ½ Minute, und es empfiehlt sich deshalb, den Effect der Färbung dadurch zu controliren, dass man in kurzen Zwischenräumen einen Schnitt in destillirtes Wasser bringt, um zu sehen, wie stark die Färbung geworden ist. Zur vorläufigen Orientirung kann man einen Schnitt sofort nach dem Auswaschen in Glyzerin oder nach vorheriger Entwässerung in einen Tropfen Nelkenöl bringen und untersuchen. Wenn es aber die Zeit irgendwie erlaubt, so muss man die Schnitte, nachdem sie sorgfältig ausgewaschen sind, noch wenigstens 12 Stunden im Wasser lassen. Durch das Auswässern wird die Farbe fixirt, während sonst die Schnitte oft noch, wenn sie schon in Kanadabalsam eingebettet sind, nachdunkeln.

Sind die Schnitte in der Farblösung zu dunkel geworden, was namentlich bei älteren Lösungen vorkommen kann, so lässt sich ein Theil der Farbe dadurch wieder entfernen, dass man sie für ein bis mehrere Stunden in 1%ige wässerige Alaunlösung zurückbringt. Danach ist es aber unbedingt nothwendig, die Schnitte wenigstens 12 Stunden in destillirtem Wasser zu belassen.

Der Contact mit Säure muss bei Hämatoxylinpräparaten sorgfältig vermieden werden.

Die Hämatoxylinalaunlösung hat eine verschieden lange Haltbarkeit, bis zu ½ Jahr. Wenn ihr Farbenton ins Röthliche übergeht, ist sie nicht mehr brauchbar und muss dann frisch bereitet werden.

Ehrlich's saures Hämatoxylin.

Bereitung: Hämatoxylin   2,0
          Alkohol absolut   60,0.

Der Lösung hinzuzufügen:

Glyzerin 60,0
destillirtes Wasser 60,0 } mit Alaun gesättigt.
Eisessig 3,0.

Anwendung:
1) Färben 3—5 Minuten lang.
2) Auswaschen in Wasser.
3) Alkohol — Oel — Kanadabalsam.

Die Ehrlich'sche Hämatoxylinlösung wird ebenfalls zunächst 2—3 Wochen dem Lichte ausgesetzt und dann filtrirt. Sie überfärbt nicht leicht und ist sehr haltbar. Sonstige Vortheile besitzt sie aber vor der einfacher zu bereitenden Hämatoxylinalaunlösung nicht. Bei der letzteren erscheinen die Umrisse der Kerne entschieden schärfer.

Heidenhain's Hämatoxylinfärbung.
1) Färben 24—48 Stunden lang in einer einfach wässerigen, in der Wärme hergestellten 0,5%igen Hämatoxylinlösung.
2) Directe Uebertragung in eine $\frac{1}{4}$%ige wässerige Lösung von einfach chromsaurem Kali 24—48 Stunden lang. Diese Lösung muss mehrmals gewechselt werden, bis keine Farbstoffwolken mehr abgehen.
3) Sehr sorgfältiges Auswaschen in Wasser.

Die Methode giebt sehr scharfe Bilder und eignet sich namentlich auch zum Durchfärben ganzer Stücke, die dann nach dem Auswaschen in Wasser in Alkohol von steigender Concentration gehärtet und schliesslich eingebettet werden. Die Präparate erscheinen dunkelschwarz, die Schnitte dürfen daher nicht zu dick sein.

Apathy hat eine Modification der Heidenhain'schen Methode angegeben, welche den langen Contact des Objects mit wässeriger Lösung vermeiden soll. Er wendet 0,5%ige alkoholische Lösung von Hämatoxylin an und ebenso eine alkoholische Lösung von doppelt chromsaurem Kali, die dadurch bereitet wird, dass man zu einer 5%igen wässerigen Lösung von doppeltchromsaurem Kali das doppelte Volum von absolutem Alkohol hinzufügt.

Sonst ist das Verfahren dasselbe wie bei der Heidenhain'schen Methode.

Alaunkarmin.
Bereitung: 2 g Karmin werden mit 100 g 5%iger Alaunlösung $\frac{1}{2}$ — 1 Stunde lang gekocht. Nach dem Erkalten wird filtrirt.

Anwendung:
1) Färben 10 Minuten bis 2 Stunden lang.
2) Auswaschen in Wasser.
3) Alkohol — Oel — Kanadabalsam.

Die Kerne werden durch Alaunkarmin schön violettroth gefärbt. Dabei tritt, was gegenüber der Hämatoxylinlösung von Vortheil ist, keine Ueberfärbung ein, auch wenn die Schnitte mehrere Stunden lang in der Farbe liegen. Das Auswaschen erfordert nicht so viel Zeit wie bei der Hämatoxylinlösung, und die Farbe ist schliesslich nicht so empfindlich gegen Säure. Für schwer färbbare Objecte ist sie dagegen nicht zu empfehlen.

Lithionkarmin.
Bereitung: Karmin 2,5.
Gesättigte wässerige Lösung von Lithion carbonicum 100,0.

Anwendung:
1) Färben 2—3 Minuten lang.
2) Auswaschen ½—1 Minute lang in Salzsäurespiritus = conc. Salzsäure 1,0 + 70% Alkohol 100,0.
3) Entsäuern in reichlichem destillirtem Wasser.
4) Alkohol — Oel — Kanadabalsam.

Die Lithioncarminfärbung verleiht dem Kern eine intensiv rothe Farbe. Sie ist ein sehr sicheres Kernfärbemittel, welches auch bei schwer färbbaren Objecten schnell und sicher wirkt. Handelt es sich übrigens um solche, so kann man den Karmingehalt der Lösung bis auf 5% steigern. Ein weiterer Vortheil besteht in der sehr einfachen Zubereitungsweise. Eine Ueberfärbung ist nicht möglich, weil man durch längeres Auswaschen in Salzsäurespiritus beliebig viel Farbe ausziehen kann. Andererseits muss bei der Wahl dieser Färbung immer die Anwendung der Salzsäure mit in den Kauf genommen werden. Die Lithionkarminfärbung eignet sich auch gut für Präparate, die mit einer blauen Injectionsmasse injicirt sind.

Boraxkarmin.
Bereitung: Karmin   0,5
          Borax   2,0
          Aqua destillata 100,0
gemischt und bis zum Kochen erwärmt. Unter fortwährendem Umrühren wird zugesetzt
          Acid. acetic. dilut. (Pharm. Germ.) 4,5.
Dann 24 Stunden stehen lassen und filtriren.

Anwendung:
1) Färben 5—15 Minuten lang.
2) ½—1 Minute lang Auswaschen in Salzsäurespiritus (Salzs. 1, Spiritus (70%) 100).
3) Gründliches Entsäuern in Wasser.
4) Alkohol — Oel — Kanadabalsam.

Boraxkarmin giebt eine ähnliche Färbung wie Lithionkarmin; die Farbe ist aber nicht ganz so intensiv.

Pikrokarmin.
Bereitung: Karmin   1,0
          Liquor. Ammon. caust. 5,0
          Aqua destillata 50,0
Nach erfolgter Lösung zugesetzt:
Gesättigte wässerige Pikrinsäurelösung 50,0
Man lässt die Färbeflüssigkeit in einem weiten, offenen Gefäss stehen, bis alles Ammoniak verdunstet ist. Dann filtrirt man.

Anwendung:
1) Färben 1 Stunde lang.
2) Auswaschen ½ Stunde lang in 1%igem Salzsäureglyzerin, das durch Pikrinsäurezusatz leicht gelb gefärbt ist.
3) Auswaschen 5 Minuten lang in Wasser, das durch Pikrinsäure leicht gelb gefärbt ist.
4) Entwässern in durch Pikrinsäure gelb gefärbtem Alkohol.
5) Oel — Kanadabalsam.

Die Pikrokarminlösung hat, wenn man in der angegebenen Weise verfährt und dem Glyzerin, Wasser und Alkohol etwas Pikrinsäure zusetzt, den Vortheil, dass sie eine haltbare Doppelfärbung giebt, indem die Kerne braunroth erscheinen, während das Protoplasma gelb gefärbt wird. Ein weiterer Vortheil besteht darin, dass auch hyalin und colloid degenerirte Gewebe einen intensiv gelben Farbenton annehmen. Auch das Protoplasma der quergestreiften Muskeln und Hornsubstanz treten durch ihre deutliche Gelbfärbung stark hervor.

Zu bemerken ist noch, dass die von Dr. Grübler in Leipzig bezogene WEIGERT'sche Pikrokarminlösung sehr zuverlässig wirkt.

Pikrolithionkarmin.

Bereitung: Zu der oben angegebenen (p. 31) Lithionkarminlösung werden 2 Theile gesättigte wässerige Pikrinsäurelösung hinzugesetzt.

Anwendung: Wie bei Pikrokarmin.

Pikrolithionkarmin giebt eine ganz ähnliche Färbung wie Pikrokarmin.

BEALE'S Karmin.

Bereitung: Karmin   0,6
           Liquor. Ammon. caust.   3,75

Einige Minuten gekocht, dann zugesetzt:
           Glyzerin   60,0
           Aqu. destill.   60,0
           Alkohol   15,0.

Anwendung: Die BEALE'sche Karminlösung wird vorzugsweise zur Durchfärbung ganzer Stücke angewandt. Zu dem Zwecke müssen die Stücke je nach ihrer Dicke 2—8 Tage in der Lösung verbleiben, danach werden sie in Wasser ausgewaschen, kommen zur Nachhärtung in Alkohol und werden dann eingebettet. Die einzelnen Schnitte können später sofort eingelegt werden.

Bismarckbraun.

Bereitung:
a) Entweder gesättigte wässerige, durch Kochen dargestellte Lösung = 3—4%ig, filtrirt.
b) Oder concentrirte alkoholische Lösung in 40%igem Alkohol = 2—2½%ig.

Anwendung:
1) Färben 5 Minuten lang.
2) Auswaschen in starkem Spiritus.
3) Alkohol — Oel — Kanadabalsam.

Das Bismarckbraun verleiht den Kernen eine schön braune Farbe. Sind Bakterien in dem Gewebe vorhanden, so werden diese noch intensiver braun gefärbt. Das Protoplasma erhält einen hellbräunlichen Farbenton. Die wässerige und die alkoholische Lösung wirken in gleicher Weise. Eine Ueberfärbung tritt nicht ein. Die mit Bismarckbraun gefärbten Präparate eignen sich besonders gut für die photographische Reproduction. Man kann statt in starkem Spiritus auch in Salzsäure- (1 %) spiritus auswaschen.

Ausser dem Bismarckbraun sind nur wenige Anilinfarben als Kernfärbemittel im Gebrauch, obschon die meisten als solche verwandt werden können. Sie färben an und für sich diffus; die Differenzirung der Kerne tritt erst durch Auswaschen in absolutem Alkohol ein. Die Färbung ist nicht so haltbar wie die durch Hämatoxylin und die verschiedenen Karminlösungen bewirkte. Empfehlenswerth sind unter den Kernfärbungen mit Anilinfarben noch die mit Gentianaviolett und die HEI-

DENHAIN-BIONDI'sche Färbung, die der EHRLICH'schen Blutfärbung (s. unten) nachgebildet ist. Dieselbe ist aber nicht haltbar.

Gentianaviolett.

Bereitung: 1%ige wässrige oder 1—2%ige alkoholische Lösung.
Anwendnng:
1) Färben 3—5 Minuten lang.
2) Auswaschen in Alkohol, bis der Schnitt eine hellblaue Farbe hat.
3) Albsoluter Alkohol, Xylol, Kanadabalsam.

Oft wird die Kernfärbung noch deutlicher, wenn man den Schnitt aus der Farbe zunächst höchstens für $^1|_2$ Minute in eine $^1/_2$%ige wässerige Essigsäurelösung bringt und dann erst in Spiritus auswäscht.

Biondi-Heidenhain's Färbung.

Bereitung: Gesättigte wässrige Orangelösung, filtrirt, 100 ccm
Gesättigte Säure-Fuchsinlösung 20 „
Methylgrün 50 „

Zur Darstellung der einzelnen gesättigten Lösungen ist es nothwendig, dass man dieselben mit einem Ueberschuss von Farbstoff mehrere Tage stehen lässt. Die Lösung wird zur Färbung im Verhältnis 1 : 100 verdünnt und muss dann durch Essigsäurezusatz deutlich stärker roth werden. Auf Fliesspapier muss sie einen Fleck machen, der in der Mitte blaugrün, nach den Rändern zu aber orange erscheint. Wird die orange Zone von einer breiteren rothen umgeben, so enthält die Lösung zu viel Fuchsin. Wenn ältere Lösungen an Färbekraft eingebüsst haben, so kann man oft dieselbe dadurch wieder herstellen, dass man eine ganz minimale Menge von Essigsäure zugiebt. Man taucht einen Glasstab in Essigsäure, schwenkt ihn in der Luft einige Male hin und her und bringt dann den noch anhaftenden Rest von Säure zu der Farblösung.

Am besten bezieht man die nach den Angaben von HEIDENHAIN hergestellte Lösung von Dr. Grübler in Leipzig.

Anwendung:
1) Härtung in Sublimat.
2) Färbung 6—24 Stunden lang in der verdünnten Lösung.
3) Kurzes Abwaschen in 90%igem Alkohol.
4) Entwässern in absolutem Alkohol.
5) Xylol, Kanadabalsam.

Karyokinetische Kerne, sowie die fragmentirten Kerne der Leukocyten sind intensiv grünviolett, die ruhenden Kerne blau gefärbt, die rothen Blutkörperchen roth.

Die Methode eignet sich namentlich sehr gut für Präparate, die viele Leukocyten enthalten. Sie ist ursprünglich nur für Paraffinschnitte und für Färbungen auf dem Objectträger angegeben. Man kann aber auch einzelne Celloidinschnitte, ohne sie auf dem Objectträger zu fixiren, in der Lösung färben. Wenn die Schnitte sehr dünn sind, braucht man das Celloidin nicht vorher zu entfernen. Bei dickeren Schnitten wirkt dagegen seine Gegenwart störend, weil es sich nur theilweise entfärbt.

Diffuse Färbungen und Doppelfärbungen.

Unter den Farben, welche die Grundsubstanz der Gewebe färben, sind namentlich das neutrale karminsaure Ammoniak, welches kurzweg als neutrales Karmin bezeichnet wird, und das Eosin zu nennen. Letzteres kommt sowohl in wässeriger wie in alkoholischer Lösung zur

Anwendung. Man macht jedoch selten von einer isolirten diffusen Färbung der Gewebe Gebrauch. Dieselbe wird vielmehr meist als Doppelfärbung in Verbindung mit einem Kernfärbemittel, vor allem mit Hämatoxylin, angewandt.

Neutrales Karmin.

Bereitung: 5 g Karminpulver werden mit etwas überschüssigem Ammoniak zu einem rothen Brei verrieben, dann mit 200 g Wasser in einem offenen Kolben so lange gekocht, bis das Ammoniak verflüchtigt ist. Der Kolben bleibt offen stehen bis er nach einigen Wochen einen rothen Bodensatz zeigt. Dann wird filtrirt. Die Flüssigkeit färbt mit zunehmendem Alter immer besser. Man filtrirt daher die gebrauchte Lösung immer wieder zurück.

Anwendung: Von der so bereiteten concentrirten Flüssigkeit stellt man sich durch Einträufeln in Wasser eine hellrothe Lösung dar und färbt in dieser, bis die Schnitte eine deutlich rothe Farbe bekommen haben. Die Färbung gelingt am besten, wenn man die Schnitte lange Zeit, bis 12 Stunden, in einer sehr verdünnten Lösung liegen lässt. Bei Mangel an Zeit kann man die Färbung aber auch in einer concentrirteren Lösung bewirken, in welcher der hinreichende Farbenton gewöhnlich in 20—30 Minuten erreicht wird.

Danach wird gründlich in Wasser ausgewaschen.

Doppelfärbung mit Hämatoxylin und Karmin wird stets in der Weise vorgenommen, dass man zuerst mit Hämatoxylin und dann mit Karmin färbt. Nach der Hämatoxylinfärbung müssen die Schnitte mindestens 6, besser noch 12 Stunden ausgewässert werden. Dann erst wird in Karmin gefärbt und nochmals in Wasser sorgfältig ausgewaschen.

Eosin, wässerige Lösung.

Bereitung: Von einer concentrirten wässerigen oder spirituösen Lösung von Eosin tropft man so viel in eine Schale mit Wasser, dass eine hellrothe Färbung entsteht, die etwa 1 : 1000—1500 Eosin enthält.

Anwendung:

1) Färben, wenige Minuten, bis die Schnitte eine rothe Farbe haben.

2) Abspülen in Wasser.

3) Entwässerung in Alkohol; nicht länger als nothwendig ist, weil der Alkohol das Eosin nach und nach wieder auszieht.

4) Oel (kein Bergamottöl), Kanadabalsam.

Eosin, alkoholische Lösung.

Bereitung: Von einer concentrirten alkoholischen Lösung von Eosin wird tropfenweise so viel in absoluten Alkohol gegeben, bis derselbe eine rosarothe Farbe angenommen hat.

Anwendung:

1) Färbung der vorher in 96%igen Spiritus übertragenen Schnitte einige Minuten lang.

2) Auswaschen in Alkohol, bis der gewünschte Farbenton vorhanden ist.

3) Oel, Kanadabalsam.

Die alkoholische Lösung des Eosins färbt gleichmässiger als die wässerige. Eosin färbt die rothen Blutkörperchen rosaroth bis kupferroth. Der Gefässinhalt tritt deshalb an Eosinpräparaten besonders deutlich hervor. Ausserdem giebt es den Geweben eine diffus rothe Färbung. Das Eosin kommt deshalb für sich allein selten zur Anwendung; meist wird es bei Doppelfärbungen gebraucht, und zwar eignet es sich am besten zu Combinationen mit Hämatoxylin und mit Alaunkarmin. Auch zusammen mit Gentianaviolett kann es angewendet werden. Die Doppelfärbungen mit Eosin werden ebenfalls so ausgeführt, dass zuerst das Kernfärbungsmittel einwirkt und dann erst die Eosinlösung. Man tropft dann zu dem absoluten Alkohol, in dem die mit Hämatoxylin etc. gefärbten Präparate entwässert sind, das entsprechende Quantum alkoholischer Eosinlösung hinzu und wäscht noch einmal in reinem Alkohol aus. Manche nehmen auch die Färbung mit Eosin so vor, dass sie dem zur Aufhellung bestimmten Nelken- oder Origanumöl etwas Eosin zusetzen. Oft nimmt auch in unerwünschter Weise das Nelkenöl, wenn man viele Eosinpräparate in demselben aufgehellt hat, von selbst eine Eosinfärbung an, die sich dann allen weiteren Präparaten mittheilt.

Man hat auch zu Hämatoxylinlösungen direct Eosin zugesetzt, um so in ein und derselben Lösung die Doppelfärbung zu erzielen. So kann man z. B. zu der EHRLICH'schen Hämatoxylinlösung (siehe p. 30) 0,5 Eosin zusetzen, um diesen Effect zu erreichen. Es hat das Verfahren jedoch keine Vortheile vor der getrennten Färbung in Hämatoxylin und Eosin.

Von der Eigenschaft der **Pikrinsäure**, in wässeriger Lösung eine diffuse Färbung der Gewebe zu bewirken, macht man bei der oben angeführten Pikrokarminfärbung (s. p. 32) und bei der Färbung mit Pikrolithionkarmin (s. p. 33) Gebrauch. Weniger zweckmässig ist es, die Schnitte in einer kernfärbenden Karminlösung vorzufärben und sie dann in einer 1—5%igen wässerigen Lösung von Pikrinsäure nachzufärben. Doch kann man so mit Alaunkarmin und Pikrinsäure in manchen Fällen ganz gute Doppelfärbungen erzielen.

Färbung ganzer Stücke.

Eine besondere Art der Färbung besteht darin, dass man nicht einzelne Schnitte, sondern das ganze zu untersuchende Stückchen in toto färbt. Man wählt dazu mit Vorliebe Farbstofflösungen, denen ein Quantum Alkohol zugesetzt ist, so z. B. die BEALE'sche Karminlösung (s. p. 33). Auch das HEIDENHAIN'sche Hämatoxylin (s. p. 31) und Bismarckbraun (s. p. 33) eignen sich zum Durchfärben ganzer Stücke.

Als Regeln für eine derartige Durchfärbung ganzer Stückchen sind zu beachten:

1) Die betreffenden gehärteten oder fixirten Stückchen dürfen nicht zu voluminös sein, weil sonst die Farblösung zu schwer eindringt.

2) Die Farblösung muss viel länger als bei der Schnittfärbung, 1—3—4—8 Tage lang, einwirken.

3) Gründliches Auswaschen, bis keine Farbe mehr abgeht.

4) Nachhärtung in 96%igem Spiritus resp. in absolutem Alkohol, bis das Object schnittfähig ist.

Die Durchfärbung ganzer Stücke hat den Vortheil, dass sie bequemer und viel weniger zeitraubend ist als die Färbung einzelner Schnitte. Ausserdem ist sie schonender, weil mit dem einzelnen Schnitt, der sofort eingelegt werden kann, nicht mehr so viele Manipulationen vorgenommen zu werden brauchen.

Trotzdem kann das Verfahren, welches in der normalen Histologie eine ausgedehnte Anwendung findet, für die Untersuchung pathologisch-anatomischer Präparate nur selten in Betracht kommen, und die Grenzen seiner Verwendbarkeit dürften um so engere werden, je mehr es gelingt, bestimmte Farbenreactionen für bestimmte Gewebsveränderungen aufzufinden.

Nur selten kann man sich bei pathologisch-anatomischen Untersuchungen auf die Anwendung einer einzigen Färbungsmethode beschränken; in einem grossen Bruchtheil der Fälle ist neben der gewöhnlichen histologischen eine Färbungsmethode auf Bakterien nothwendig. Ebenso muss sehr häufig neben der gewöhnlichen Kernfärbung eine bestimmte Reaction auf degenerative Veränderungen, auf fettige Degeneration, auf Amyloid etc. angestellt werden. Aber selbst wenn es sich um eine rein histologische Untersuchung ohne complicirende Details handelt, kann man in vielen Fällen nicht im voraus beurtheilen, welche der zu Gebote stehenden Färbungsmethoden am sichersten zum Ziele führt. Auf der anderen Seite ist zu bemerken, dass die grössere Schonung des einzelnen Schnitts, wie sie die Durchfärbung ganzer Stücke ermöglicht, gegenüber der so Vollkommenes leistenden Celloidineinbettung sehr an Bedeutung verloren hat.

Darstellung der Kerntheilungsfiguren.

Die Darstellung der Kerntheilungsfiguren erfordert eine besondere Technik, deren Eigenthümlichkeiten sowohl die Art der Conservirung wie die Methode der Färbung betreffen.

Erster Grundsatz ist, dass die zu untersuchenden Stückchen unmittelbar dem eben getödteten Thier entnommen und sofort in die betreffende Fixirungsflüssigkeit übertragen werden. Spätestens müssen dieselben eine halbe Stunde nach der Tödtung des Thieres oder nach der Entnahme aus dem lebenden Körper in die Fixirungsflüssigkeit kommen. Im anderen Falle läuft der Process der Kerntheilung ab, ohne dass es möglich ist, die Figuren der noch in der Theilung begriffen gewesenen Kerne zu Gesicht zu bekommen.

Damit hängt es dann weiterhin zusammen, dass man der betreffenden Fixirungsflüssigkeit die Möglichkeit geben muss, rasch das ganze Präparat vollständig zu durchdringen, und es ergiebt sich daher als zweite Regel, dass die zu fixirenden Stückchen möglichst dünn genommen werden. Dieselben dürfen nicht dicker als 4 mm sein. Die Beobachtung dieser Regel ist um so nothwendiger, als die meisten Fixirungsflüssigkeiten an und für sich die Eigenschaft besitzen, ziemlich langsam in die Organstückchen eindzuringen.

Weiterhin folgt aus dem Gesagten, dass man nur in den allerseltensten Fällen in der Lage ist, an Organtheilen von Leichen die Kerntheilungsfiguren darzustellen, weil man fast nie so frühzeitig, wie es nöthig wäre, seciren kann. Es beschränkt sich vielmehr für menschliche Organe die Untersuchung auf Theile, die dem menschlichen Körper durch Operation entnommen sind.

Es gelingt zwar auch an Stückchen, die in Alkohol oder Müller-scher Flüssigkeit gehärtet sind, wenn sie ganz frisch und in ganz dünnen Scheiben conservirt sind, die Kerntheilungsfiguren darzustellen, doch eignen sich erfahrungsgemäss eine Reihe von anderen Gemischen, von sog. Fixirungsmitteln, besser dazu.

Die angewandte Fixirungsflüssigkeit muss das Volumen der zu fixirenden Stückchen sehr erheblich übersteigen. Sie muss gewechselt werden, wenn sie sich irgendwie stärker trübt.

Unter den Fixirungsflüssigkeiten ist in erster Linie zu nennen:

FLEMMING'S Chromosmiumessigsäuregemisch.

Bereitung: 2%ige wässerige Osmiumsäurelösung   4 Theile
              1%ige wässerige Chromsäurelösung   15   „
              Eisessig   1   „

Anwendung:

1) Verweilen der Stückchen in der Fixationsflüssigkeit 1—3 Tage.
2) Auswaschen in Wasser 3—6 Stunden lang.
3) Nachhärtung succesive, je einen Tag, in 30-, 60-, 96%igem Alkohol.
4) In der Regel Celloidineinbettung. Danach

Färbung mit Saffranin.

1) ½—24 Stunden lang Färbung in 1%iger wässeriger Saffraninlösung.
2) Auswaschen in absolutem Alkohol, der durch wenige Tropfen Salzsäurespiritus (1%) ganz leicht angesäuert ist. Man giebt zu einer mittelgrossen Schale mit Alkohol 5—10 Tropfen Salzsäurespiritus (s. p. 32).
3) Auswaschen in reinem absolutem Alkohol bis die Schnitte hellbraunroth aussehen.
4) Oel, Kanadabalsam.

Die FLEMMING'sche Methode mit nachfolgender Saffraninfärbung hat den Vortheil, dass die ruhenden Kerne nur ganz blass, die in der Theilung begriffenen Kerne dagegen sehr intensiv gefärbt sind. Dadurch ist es ermöglicht, schnell und schon bei schwacher Vergrösserung die in Theilung begriffenen Zellen mit annähernder Sicherheit zu erkennen und ein Urtheil über ihre Lage und über ihre ungefähre Zahl zu gewinnen. Bei manchen anderen Färbemitteln wird keine wesentliche Differenz in der Intensität der Färbung zwischen ruhenden Kernen und dem Kerngerüst der in Theilung begriffenen Zellen erzielt. BABES empfiehlt zur Färbung Saffranin, in Anilinöl gelöst. Durch dasselbe wird die Färbung in kürzester Zeit bewirkt: 2 Theile Anilinöl werden mit 100 Theilen Wasser versetzt und Saffraninpulver im Ueberschuss zugefügt. Erwärmen auf 60°. Filtriren. Die Lösung hält sich 2 Monate lang. Will man aus irgend einem Grunde keine Saffraninfärbung anwenden, so kann man auch mit wässriger Gentianaviolettlösung (s. p. 34) färben.

Beabsichtigt man die in der FLEMMING'schen Lösung fixirten Schnitte in Hämatoxylin zu färben, so kann man sich der BENDA'schen Methode bedienen, welche dem WEIGERT'schen Verfahren zur Färbung markhaltiger Nervenfasern nachgebildet ist.

BENDA'S Hämatoxylinfärbung:

1) Uebertragen der Schnitte in eine concentrirte Lösung von Cuprum aceticum, 24 Stunden lang bei Brütofentemperatur.
2) Gründliches Auswaschen.
3) Färben in 1%iger wässriger Hämatoxylinlösung, bis die Schnitte schwarz sind.
4) Entfärben in Salzsäure 1 : 500, bis die Schnitte gelb sind.
5) Neutralisiren der Säure in gesättigter Cuprum-aceticum-Lösung.
6) Auswaschen.
7) Alkohol — Oel — Kanadabalsam.

Sublimat.

Die Conservirung in der gesättigten wässerigen Sublimatlösung (cf. p. 11) gestattet ebenfalls den Nachweis der Kerntheilungsfiguren. Als Färbung empfiehlt sich die von HEIDENHAIN-BIONDI (s. p. 34), durch welche die ruhenden Kerne blauviolett, die in Theilung begriffenen grün gefärbt werden.

Chromsäurelösungen.

Dieselben werden in einer Stärke von 0,3 bis 1,0 % angewandt. Die Dauer der Einwirkung beträgt im Durchschnitt 24 Stunden bis mehrere Tage. Die Chromsäure dringt sehr schwer ein, die Stückchen müssen daher ganz besonders klein sein.

RABLS' Chromameisensäure.

Bereitung: Zu 200 ccm. einer 0,3%igen Chromsäurelösung werden 4—5 Tropfen concentrirter Ameisensäure gebracht.

Dauer der Einwirkung 12—24 Stunden. Gründliches Auswaschen. Successive Härtung in 30%, 60%, 96% Alkohol.

FOL'S Fixirungsflüssigkeit.

1%ige Osmiumsäure	2	Raumtheile
1%ige Chromsäure	25	,,
2%ige Essigsäure	5	,,
Wasser	68	,,

Chrompikrinsäure.

Concentrirte wässerige Pikrinsäurelösung	10	Raumtheile
1%ige Chromsäure	25	,,
Wasser	65	,,

ALTMANN'S Fixirung.

1) Einlegen 1 Stunde lang in 3%ige Salpetersäure.
2) Gründliches Auswaschen.
3) Nachhärten in Alkohol.

Alkohol.

Auch durch absoluten Alkohol allein kann man, wenn man ihn auf ganz feine Stückchen einwirken lässt, eine Fixirung erreichen. Heisser Alkohol fixirt bedeutend schneller und leichter. Die Färbung kann dann nach der Vorschrift von BIZZOZERO-VASSALE bewirkt werden.

1) Färbung 10 Minuten lang in EHRLICH'scher Gentianaviolett-lösung:

$$
\begin{aligned}
&= \text{Gentianaviolett} && 1{,}0 \\
&= \text{Alkohol} && 15{,}0 \\
&= \text{Anilinöl} && 3{,}0 \\
&= \text{Wasser} && 80{,}0.
\end{aligned}
$$

2) Schnelles Auswaschen in absolutem Alkohol.
3) Uebertragen in Jodjodkalilösung 1 : 2 : 300. 2 Minuten lang.
4) 30 Secunden in absoluten Alkohol.
5) 30—40 Secunden in Chromsäure 0,1 : 100.
6) Alkohol absolut. 20—30 Secunden.
7) Chromsäure 0,1 : 100, 30 Secunden lang.
8) Alkohol absolut. 30 Secunden lang.
9) Nelkenöl. Dasselbe wird so oft gewechselt, bis keine Farbe mehr abgeht.

Die Umständlichkeit und der kostspielige Verbrauch von Nelkenöl sind Nachtheile dieser Methode.

BAUMGARTEN'S Methode. Die Methode von BAUMGARTEN zur Darstellung der Kerntheilungsfiguren verdient besondere Erwähnung, weil dieselbe combinirt mit einer Färbung auf Bakterien angewandt werden kann.

1) Härtung mehrere Wochen lang in dünnen Chromsäurelösungen.
2) Färben 5—10 Minuten lang in concentrirter alkoholischer Fuchsinlösung.
3) Kurzes Abspülen in Alkohol absolutus.
4) Färben 5—10 Minuten lang in wässeriger Methylenblaulösung.

Die Anwendung des Methylenblau nach der vorherigen Färbung mit Fuchsin hat den Zweck, dies letztere aus der Zwischensubstanz zu verdrängen, und so eine intensivere Färbung der Kerne resp. der Kerntheilungsfiguren zu bewirken.

Will man gleichzeitig auf Bacillen, speciell auf Tuberkelbacillen untersuchen, so färbt man vorher 24 Stunden lang in Anilinwassermethylviolett und entfärbt mit verdünnter Säure, resp. schliesst bei anderen Bakterien mit Hinweglassung der Säure direct das Fuchsinmethylenblauverfahren an.

GRAM'sche Methode. Auch die GRAM'sche Bakterienfärbung (s. p 50 u. p. 53) gestattet die Darstellung der Kerntheilungsfiguren. An Präparaten, die, natürlich in entsprechend dünnen Scheiben, in Alkohol gehärtet waren, werden die ruhenden Kerne durch die GRAM'sche Methode entfärbt (oft nur theilweise), während die in Theilung begriffenen die Farbe behalten.

NEUNTES CAPITEL.

Untersuchung degenerativer Veränderungen.

A) Die Nekrose.

Nekrotische Herde lassen sich, falls sie mit blossem Auge erkennbar und ihre Bestandtheile isolirbar sind, meist mit Vortheil frisch untersuchen; man streicht mit dem Messer über den nekrotischen Herd und vertheilt die an der Messerklinge haftende nekrotische Masse in Wasser oder in Kochsalzlösung, oder man zerzupft kleine herausgeschnittene Stückchen in denselben Flüssigkeiten. Es ist dieses Verfahren z. B. anwendbar bei nekrotischen Herden in Gehirn, Leber, Herz, Muskeln und Lunge.

Nekrosen einzelner Zellen oder kleiner Zellcomplexe müssen an Schnitten untersucht werden. Es eignet sich sowohl Härtung in Alkohol wie in MÜLLER'scher Flüssigkeit. Immer ist es rathsam, die Präparate in Celloidin einzubetten, weil sonst Theile des nekrotischen Herdes leicht ausfallen können. Zur Färbung dienen die gebräuchlichen Kernfärbemittel: Hämatoxylin, Alaunkarmin, Lithionkarmin. Da in den nekrotischen Herden die Zellen und ihre Kerne zu Grunde gegangen sind, so werden sie durch Kernfärbemittel nicht mehr gefärbt und heben sich daher von ihrer stärker gefärbten Umgebung durch ihre blasse Farbe ab. Es kommt aber auch manchmal in den nekrotischen Herden zu einer diffusen, nicht differenzirten Färbung. Ausserdem bemerkt man oft innerhalb der Nekrosen unregelmässig gestaltete und ungleich grosse Körner, die den Farbstoff ganz intensiv aufnehmen und zum Theil als Reste von zerfallenen Kernen aufzufassen sind. Durch Karmin oder Eosin lassen sich nekrotische Massen diffus färben. Zur Unterscheidung von einer einfachen Gerinnung resp. Fibrinbildung dient die WEIGERT'sche Fibrinfärbung (s. p. 70), die bei Nekrosen negativ ausfällt.

B) Einfache Atrophie und Pigmentatrophie.

Leicht isolirbare Gewebsbestandtheile können an Zerzupfungspräparaten untersucht werden, z. B. Nerven und Muskeln; eventuell kann man sie, um die Isolirung der Theile zu erleichtern, 24 Stunden lang in ⅓ Alkohol oder eine andere Isolationsflüssigkeit (s. p. 6) bringen. Durch Zusatz von Essigsäure wird das Bild noch deutlicher. Einen besseren Einblick erhält man durch Untersuchung gefärbter Schnitte von gehärteten Präparaten. Zur Färbung empfiehlt sich, wenn es sich um Pigmentatrophie handelt, Lithioncarmin (s. p. 31), weil sich gegen dessen Farbe das Pigment besser abhebt als gegen Hämatoxylin.

C) Trübe Schwellung.

Die Untersuchung wird am besten frisch an isolirten Zellen vorgenommen, welche durch Abschaben mit der Messerklinge oder durch Zerzupfen aus ihrem Zusammenhang herausgelöst und in Wasser zertheilt worden sind. Zum Unterschiede von der Verfettung verschwinden die bei der trüben Schwellung innerhalb der Zellen sichtbaren Körner bei Essigsäurezusatz, während sie andererseits durch Fettlösungsmittel: Alkohol absol., Aether, Chloroform etc. nicht angegriffen werden.

D) Fettige Degeneration.

Die Untersuchung wird ebenfalls am besten an frischen Präparaten vorgenommen, entweder an isolirten Zellen⁀oder an frischen Schnitten. Die Fettkörnchen, welche sich innerhalb der Zellen finden, zeigen gegenüber von Reagentien folgende mikrochemischen Eigenschaften:
1) Sie verschwinden auf Essigsäurezusatz nicht.
2) Sie sind resistent gegen dünne Kali- und Natronlauge (s. p. 8).
3) Auf Zusatz von 1%iger Osmiumsäure werden sie schwarz gefärbt.
4) Sie lösen sich auf Zusatz von Chloroform und Aether.

Will man diese letztere Reaction anwenden, so muss man das Präparat zuerst durch absoluten Alkohol entwässern, dann eine Zeit lang Chloroform oder Aether einwirken lassen, diese wiederum durch Alkohol entfernen und schliesslich in Kochsalzlösung untersuchen. Zur Härtung ist der Alkohol nicht geeignet, weil er das Fett nach und nach auflöst. Bei Härtung in MÜLLER'scher Flüssigkeit bleiben die Fetttröpfchen zwar erhalten, sie fliessen aber theilweise zu grösseren Tropfen zusammen. Etwas mehr erreicht man bei Härtung in MÜLLER-scher Flüssigkeit, der ⅓ ihres Volumens 1%ige Osmiumsäure zugesetzt ist. Nach 14 Tagen wird das Präparat auf dem Gefriermikrotom geschnitten, sorgfältig ausgewaschen, einige Tage in einer Schale mit Glycerin aufgehoben und dann erst definitiv in Glycerin eingelegt. Die provisorische

Aufbewahrung in Glyzerin ist nöthig, weil dasselbe im Anfang durch die Osmiumsäure braun gefärbt wird, was bei dem Dauerpräparat sehr störend wirken würde.

Man kann übrigens, wenn man diesen Uebelstand vermeiden will, auch in gesättigter Kali acceticum-Lösung einschliessen.

Empfehlenswerther ist die Härtung in Flemming-scher Lösung (s. p. 38), 4 Tage lang, danach sorgfältiges Auswässern, Nachhärtung je einen Tag in 30%igem, 60%igem, 96%igem Alkohol und eventuell Celloidineinbettung. Die Präparate werden auf dem Gefriermikrotom geschnitten und können mit Saffranin (p. 38) gefärbt werden. Manchmal ist nebenbei zum Vergleich eine einfache Färbung mit Eosin von Nutzen.

Nach der Färbung kurzes Entwässern in absolutem Alkohol, Aufhellen in Oel und Einschluss in Kanadabalsam. Das zur Aufhellung benutzte Oel muss aus den Schnitten sehr sorgfältig entfernt werden. Zum Einschluss wählt man harten, über der Flamme flüssig gemachten Kanadabalsam, der schnell wieder erhärtet. In dem gewöhnlichen, dünnflüssigen Xylolkanadabalsam diffundiren die Fetttröpfchen zum Theil.

Bei allen Präparaten, bei denen zur Fixirung und Schwarzfärbung des Fettes stärkere Osmiumsäurelösungen angewandt sind, müssen die Stücke, nachdem man sie aus der Osmiumsäure herausgenommen hat und bevor man sie in Alkohol überträgt, sehr gründlich ausgewaschen werden. Im anderen Falle zieht, wie das neuerdings namentlich Heidenhain hervorgehoben hat, der Alkohol aus dem Gewebe überschüssige Osmiumsäure und wahrscheinlich auch reducirende Substanzen aus, so dass die Flüssigkeit mehr oder weniger schwarz erscheint, weil sich Osmiumsäure in feinsten Partikelchen ausscheidet. Was aber im Alkohol ausserhalb des Präparates und um dasselbe geschieht, das kann sich, wie Heidenhain betont, auch in demjenigen Theil des Alkohols ereignen, der das Präparat durchtränkt. Das schwarze Metall bildet dann einen Beschlag auf den Geweben auch da, wo von einem Fettgehalt nicht die Rede sein kann. Derartige Trugbilder werden aber vermieden, wenn man die überschüssige Osmiumsäure durch Auswaschen in reichlichen Mengen von Wasser vor dem Einlegen in Alkohol entfernt.

E) Schleimige Entartung.

Schleimig entartete Gewebe werden am besten frisch untersucht. Da nicht nur Essigsäure, sondern auch Alkohol Gerinnung bewirkt, so ist zur Härtung Müller'sche Flüssigkeit zu wählen. Zur Färbung dienen die gewöhnlichen Kernfärbemittel.

F) Colloidentartung.

Gewebe mit theilweiser colloider Entartung können in Alkohol oder Müller'scher Flüssigkeit gehärtet werden. Zur Färbung eignet sich sowohl Hämatoxylin wie namentlich Doppelfärbung mit Hämatoxylin und Eosin.

G) Amyloidentartung.

Amyloid entartete Gewebe können an frischen Schnitten, die sich wegen der festen Consistenz leicht anfertigen lassen, oder nach vorhergegangener Härtung in Alkohol oder MÜLLER'scher Flüssigkeit untersucht werden.

Zur Erkennung der amyloiden Degeneration dienen die nachfolgenden Reactionen:

a) Jodreaction.

Man bringt die Schnitte in eine cognakbraune Jodlösung, die man sich durch Verdünnen der gewöhnlichen LUGOL'schen Lösung (s. p. 8) mit destillirtem Wasser herstellt. Nach 3—5 Minuten wäscht man in Wasser aus und untersucht in Glyzerin. Die amyloid degenerirten Partien erscheinen dann braunroth, während das übrige Gewebe eine weissgelbe Farbe angenommen hat.

Die braunrothe Farbe wird noch glänzender, wenn man zu der Jodlösung 25 $\frac{0}{0}$ Glyzerin zusetzt. Die Farbenreaction ist vergänglich. Die Schnitte können daher nicht als Dauerpräparate aufgehoben werden.

b) Jod-Schwefelsäurereaction.

Legt man einen, in der eben angegebenen Weise mit Jod behandelten Schnitt in 1$\frac{0}{0}$ige Schwefelsäure, so wird die braune Farbe der amyloid degenerirten Theile entweder eine gesättigtere, oder sie geht in eine violette, blaue, bis grüne Färbung über. Manchmal treten einzelne dieser Farbennuancen schon bei blosser Jodbehandlung auf.

Reactionen mit Jod, die der Amyloidreaction ähnlich sind, geben

1) Die Corpora amylacea, die sich hauptsächlich in der Prostata und im Centralnervensystem finden. Sie färben sich mit Jodkalilösung braun, während das übrige Gewebe gelb bleibt.
2) Amylumkörner färben sich mit schwacher Jodlösung blau.
3) Cellulose in Pflanzentheilen färbt sich in einfacher Jodlösung gelb. Lässt man nun aber vom Rande des Deckgläschens her reine Schwefelsäure zufliessen, so färbt sich Cellulose da, wo die Schwefelsäure frisch zur Einwirkung kommt, kornblumenblau.

c) Methylviolettreaction.

1) Färben in einer 1$\frac{0}{0}$igen Methylviolettlösung, 3—5 Minuten.
2) Auswaschen in destillirtem Wasser, dem $^1/_2$ $\frac{0}{0}$ Essigsäure zugesetzt ist.
3) Untersuchung in Glyzerin.

Die Amyloidsubstanz ist purpurroth, das übrige Gewebe blau gefärbt. Die Färbung hält sich in Glyzerin eine Zeit lang, so dass man die Schnitte nach Umrandung mit Wachs und Ueberziehen mit Maskenlack auch als Dauerpräparate aufheben kann. Eine fast gleiche Reaction giebt Gentianaviolett. Auch mit der sog. Leonhardi'schen Tinte, die Methylviolett enthält, kann man die Reaction erzielen.

Entwässerung der Schnitte in Alkohol und Einlegen in Kanadabalsam ist unzulässig. Dagegen hält sich die Farbe verhältnissmässig lange, wenn man in einer gesättigten Lösung von Kali aceticum conservirt. Ebenso ist zur Einbettung Lävulose (WEIGERT) oder statt derselben auch der billigere Zuckersyrup empfohlen worden.

d) Methylgrün.

Wendet man Methylgrün in derselben Weise an wie Methylviolett sub c, so färben sich die amyloiden Partien violett, das übrige Gewebe, namentlich die Kerne, grün.

e) Jodgrün.

1) 24 Stunden langes Färben frischer oder gehärteter Schnitte
in einer Lösung von

Jodgrün   0,5
Aqu. dest.   150.

2) Einfaches Abwaschen in Wasser.

Die amyloiden Massen werden rothviolett, die übrigen Gewebe
bleiben grün. STILLING rühmt dieser Reaction gegenüber dem Methylviolett eine grössere Sicherheit nach.

f) Methode von BIRCH-HIRSCHFELD.

1) Färben in einer 2%igen spirituösen Bismarckbraunlösung (s.
p. 33) 5 Minuten lang.
2) Abspülen in absolutem Alkohol.
3) Auswaschen in destillirtem Wasser 10 Minuten lang.
4) Färben in 2%iger Gentianaviolettlösung 5—10 Minuten.
5) Auswaschen in angesäuertem Wasser: 10 Tropfen Essigsäure
auf ein Uhrschälchen mit Wasser.
6) Einschluss in Lävulose.

Diese Methode gewährt eine sehr scharfe Abgrenzung der amyloid
degenerirten Partien gegenüber dem anderen Gewebe, dessen Kerne
braun gefärbt sind.

g) Doppelfärbung mit Hämatoxylin und Eosin.

Diese ist niemals zu unterlassen, wenn man das Verhalten der
amyloiden Substanz zu den einzelnen Gewebsbestandtheilen untersuchen
will. Man erhält sehr klare Bilder, an denen man sich oft besser
orientiren kann als an den einer specifischen Amyloidreaction unter-
worfenen Schnitten. Die amyloide Substanz färbt sich rosa, die Kerne
der atrophischen Zellen sind auch in unmittelbarer Nähe der Amyloid-
schollen gut zu erkennen, während sie bei den Amyloidreactionen hier oft
verdeckt werden.

H) Nachweis von Glycogen.

Die Stücke, z. B. Nieren von Diabetikern oder Geschwulsttheile, müssen
möglichst frisch in Alkohol gehärtet sein; da Wasser das Glycogen auszieht, so ist MÜLLER'sche Flüssigkeit nicht zu verwenden. Legt man
die Schnitte in eine schwache Jodlösung, so färbt sich das Glycogen
weinroth. Da sich aber auch bei der Jodlösung der Einfluss des Wassers
unangenehm bemerklich macht, so benutzt man nach EHRLICH zur Färbung eine dicke Gummilösung, der 1% LUGOL'sche Lösung zugesetzt ist,
und bewahrt die Schnitte auch in dieser Lösung auf.

Ebenso kann man die Schnitte in Glyzerin untersuchen, dem die
Hälfte seines Volumens LUGOL'sche Lösung beigemischt ist. Diese Untersuchungsmethode hat den Vortheil, dass die Schnitte zugleich stark
aufgehellt werden.

I) Hyaline Degeneration.

Zur Untersuchung derselben bedient man sich am besten der Doppelfärbung mit Hämatoxylin und Eosin. Aber auch bei einfach ge-

färbten Schnitten tritt schon die homogene, glasige Beschaffenheit des hyalin entarteten Bindegewebes meist hinreichend deutlich hervor.

K) Imprägnation mit Kalksalzen.

Die Kalksalze bilden im Gewebe bei frischer Ablagerung glänzende Körner, welche durch 5%ige Salzsäure aufgelöst werden, die man vom Rande des Deckglases aus dem Schnitt zufliessen lässt. Die vorher undurchsichtigen Partien werden in Folge der Lösung des Kalkes durchsichtig, und zwar löst sich der kohlensaure Kalk unter Bildung von Luftblasen, der phosphorsaure ohne solche. Bei beginnender Verkalkung färbt sich das Gewebe mit Hämatoxylin oft intensiv blau; ebenso verkalkt gewesenes, und durch Säure entkalktes Gewebe, z. B. verkalkte Knorpelgrundsubstanz an der endochondralen Ossificationsgrenze.

L) Pigmentbildung.

In hämorrhagischen Herden findet sich einmal Hämatoidin, sowohl amorph wie in Form von rhombischen Täfelchen. Dasselbe ist an seiner orangegelben oder mehr rothen Farbe leicht zu erkennen. Daneben kommen aber amorphe gelbe bis schwarzbraune Schollen vor, die man ihres Eisengehaltes wegen unter dem Namen „Hämosiderine" zusammenfasst.

Die Hämosiderine resp. ihr Eisengehalt wird nachgewiesen:
a) durch Ferrocyankaliumlösung und Salzsäure.

Man bringt die Schnitte für einige Minuten in eine 2%ige wässerige Ferrocyankaliumlösung und von da in Glyzerin, dem $\frac{1}{2}$ % Salzsäure zugesetzt ist. Die Hämosiderine nehmen dann eine deutlich blaue Farbe an.

Will man Dauerpräparate herstellen mit gleichzeitiger Kernfärbung, so verfährt man in folgender Weise. Man setzt der gewöhnlichen Lithionkarminlösung (s. p. 31) einige Tropfen Ferrocyankaliumlösung zu und behandelt entweder in salzsäurehaltigem Glyzerin nach, oder man wäscht in Salzsäurespiritus (s. p. 32) aus, überträgt in Wasser, entwässert in Alkohol und schliesst in Kanadabalsam ein.

Man kann übrigens auch zuerst die Eisenreaction mit Ferrocyankalium und Salzsäureglyzerin anstellen, dann die Schnitte auswaschen und mit Alaunkarmin nachfärben.

b) Nachweis durch Schwefelammonium.
1) Einlegen der Schnitte in frisch bereitete Schwefelammoniumlösung, 5—20 Minuten lang, bis sie eine dunkelgrüne oder schwarzgrüne Farbe angenommen haben.
2) Rasches Abspülen in Wasser.
3) Untersuchung und Conservirung in Glyzerin, welches schwach schwefelammoniumhaltig ist.

Das Eisen tritt dann in Gestalt von kleinen schwarzen oder schwarzgrünen Körnchen hervor.

Man kann die Präparate auch aus dem Wasser in Alkohol, Nelkenöl, Kanadabalsam bringen.

Wenn man auf Eisen untersuchen will, darf man natürlich keine Stahlnadeln anwenden und muss überhaupt den Contact mit eisenhaltigen Gegenständen sorgfältig vermeiden.

Quincke hat als Nachtheil der Ferrocyankaliummethode angegeben, dass sie das Eiweiss stark coagulirt, und leicht in die Umgebung diffundirt. Dieser letztere Umstand ist von geringerer Bedeutung, wenn man die Entstehung der Reaction in salzsäurehaltigem Glyzerin direct unter dem Mikroskop verfolgt.

Andererseits darf nicht unbeachtet bleiben, dass Schwefelammonium ähnliche Niederschläge, wie mit Eisen, noch mit einer ganzen Reihe von anderen Metallen macht, von denen ein praktisches Interesse im vorliegenden Falle namentlich salpetersaures Silber, Blei und Quecksilber haben dürften.

Manchmal mag es deshalb von Vortheil sein, beide Reactionen neben einander in Anwendung zu ziehen.

Zu bemerken ist ferner, dass nicht alle Pigmente, auch wenn sie zweifellos Eisenverbindungen darstellen, die genannten Reactionen geben. Einmal kann die Verbindung des eisenhaltigen Pigments mit dem Gewebe eine derartige sein, dass eine Reaction ausbleibt; und dann scheinen auch die Pigmente nur in einem gewissen Stadium die-Eisenreaction zu geben. Bei ganz frischen Pigmenten und ebenso bei ganz alten tritt sie nicht ein.

Will man einfach die Lage des Pigments studiren, so eignen sich für die Schnittfärbung am meisten rothe Farbstoffe (Lithionkarmin, Boraxkarmin, Alaunkarmin), weil sich diesen gegenüber das Pigment besser abhebt. Alaunkarmin ist mehr zu empfehlen als Lithionkarmin, weil bei ersterem kein Auswaschen in Salzsäure nöthig ist.

Darstellung der Häminkrystalle s. p. 88.

ZEHNTES CAPITEL.

Untersuchung wuchernder und entzündeter Gewebe.

Wuchernde und entzündete Gewebe werden in FLEMMING'scher Lösung, in MÜLLER'scher Flüssigkeit oder in Alkohol gehärtet; es gilt dies sowohl für hyperplastische Wucherungen, wie für Geschwülste.

Vor allem ist die MÜLLER'sche Flüssigkeit anzuwenden, wenn es darauf ankommt, entweder Schrumpfungen der Gewebe möglichst zu vermeiden oder das Blut in den Gefässen zu erhalten. Zarte zellreiche Gewebe, weiche Sarkome, myxomatöse Geschwülste, Gliome, Enchodrome etc. färben sich nach Härtung in MÜLLER'scher Flüssigkeit weit schöner als bei Alkoholhärtung.

Will man dagegen wuchernde Gewebe zugleich auf die Gegenwart von Bakterien untersuchen, so ist Härtung in Alkohol vorzuziehen.

Wenn man genauere Untersuchungen über die in wuchernden Geweben, z. B. in Geschwülsten, enthaltenen Zell- und Kernstructuren anstellen will, so kann man einmal eine möglichst frische Untersuchung der Zellen in indifferenten Lösungen, etwa 0,6%iger Kochsalzlösung, vornehmen. Von ARNOLD wird eine ganz schwache Lösung von Methylgrün in 0,6%iger Kochsalzlösung als sehr geeignet zur Untersuchung von Zellen und von deren Kernen empfohlen. Ganz besonders kommen aber auch hier in Betracht Präparate, die nach den für Darstellung der Kerntheilungsfiguren (s. p. 37) empfohlenen Methoden behandelt sind. Am besten eignet sich dazu die FLEMMING'sche Lösung. Die Untersuchung von Kerntheilungsfiguren ist ferner ganz unerlässlich, wenn man entscheiden will, von welchen Zellarten bei entzündlicher Neubildung, bei Hyperplasien, bei Tumoren etc. die Wucherung resp. die Gewebsneubildung ausgeht. Bei Tumoren wählt man zu derartigen Untersuchungen Theile, die der Grenze zwischen Geschwulst und präexistirendem Gewebe entnommen sind.

Die Schnitte sind in erster Linie mit k e r n f ä r b e n d e n M i t t e l n zu behandeln. Dabei ist zu bemerken, dass sich gewöhnlich die verschiedenen Zellarten in verschiedener Intensität färben. Am dunkelsten werden die Leukocyten tingirt, so dass man schon in der Farbenreaction ein wichtiges Hülfsmittel hat, um die ausgewanderten, weissen Blutzellen resp. entzündliche Infiltrate von den präexistirenden Gewebszellen, auch wenn sie im Uebrigen ähnliche Form besitzen, zu unterscheiden.

In chronisch entzündeten Geweben, und zwar vorwiegend im Bindegewebe, finden sich oft in grosser Zahl die sog. M a s t z e l l e n. Dieselben sind 2—3 Mal so gross, wie Leukocyten, haben einen blassen Kern und ein grobkörniges Protoplasma, dessen einzelne Körner sich mit basischen Anilinfarben, also mit denselben Färbemitteln, mit denen auch die Bakterien tingirt werden, färben. Der Kern selbst bleibt dabei meist ungefärbt.

Z u r   D a r s t e l l u n g   d e r   M a s t z e l l e n   verfährt man nach Ehr-Lich in folgender Weise:
1) Alkoholhärtung.
2) 12—24 Stunden Färben in:
   Dahlia, im Ueberschuss
   Alkohol absolut.   50 ccm
   Aqu. destillat.   100   „
   Eisessig   12,5 „
3) Auswaschen in Wasser.

Will man in einem entzündeten Gewebe ausser den Mastzellen auch die Zellkerne färben, so wendet man nach Ehrlich-Westphal folgendes Verfahren an.
1) Färbung 24 Stunden lang in:
   Dahlia, conc. alkoholische Lösung⎫
   Alaunkarmin   ⎬ aa 100,0
   Glyzerin   ⎭
   Eisessig   20,0
2) Auswaschen in Alkohol.
3) Oel, Kanadabalsam.

Die Kerne im Gewebe sind roth gefärbt, die Granulationen der Mastzellen und die Bakterien blau.

Der E n t z ü n d u n g s p r o c e s s   a m   l e b e n d e n   G e w e b e wird gewöhnlich am Mesenterium des Frosches studirt.

Man wählt zur Untersuchung grosse, männliche Thiere, weil bei Weibchen sich die Sexualorgane bei dem Herausziehen des Mesenteriums oft störend in den Weg legen. Man bläst dem Thiere mit einer Glaspipette 2 Tropfen 1⅜iger wässeriger Curarelösung unter die Haut, die man, am besten am Oberschenkel, mit einer feinen Hohlscheere an einer kleinen Stelle spaltet. Nach etwa ½—¾ Stunde ist dann das Thier bewegungslos. Nun spaltet man in der Axillarlinie die Bauchwand, und zwar zunächst die Haut, dann die Musculatur und eröffnet schliesslich etwa in der Ausdehnung eines Centimeters mittels eines von oben nach unten verlaufenden Schnitts die Bauchhöhle. Sowie bei den einzelnen Phasen des Schnitts eine Blutung auftritt, sucht man diese, bevor man weiter nach der Tiefe vordringt, zu stillen, was gewöhnlich durch Aufdrücken von Fliesspapier gelingt. Dann zieht man eine Darmschlinge sammt ihrem Mesenterium vor und spannt dieses letztere über einen Korkring, den man mit dem Locheisen aus einer Korkplatte ausgeschnitten und mittels Siegellack auf einer Glasplatte befestigt hat. Das Mesenterium wird mit Karlsbader Nadeln fixirt, welche man durch den Darm auf dem Kork festheftet. Natürlich muss die Curarisirung eine vollständige sein, weil sich sonst das Thier loszerrt.

Als Unterlage eignen sich namentlich die Glasplatten, wie sie zu Plattenculturen im Gebrauch sind. Man befestigt dann den Kork an einer Längsseite, so dass das Thier neben dem Kork auf der Platte ausgiebigen Platz findet. Das Thier wird mit Ausnahme derjenigen Stelle über dem Korkring, welche man unter das Mikroskop bringt, ganz mit Fliesspapier bedeckt, welches mit Wasser durchtränkt ist.

Man kann dann meist schon nach ¼ Stunde den Beginn der Auswanderung der weissen Blutkörperchen beobachten und die Beobachtung Stunden lang fortsetzen, wenn nur das Thier ganz mit feuchtem Fliesspapier bedeckt ist. Will man die Untersuchung über einen Tag hinaus ausdehnen, so muss man von Neuem curarisiren.

In ähnlicher Weise kann auch die Schwimmhaut und die Zunge des Frosches zur Beobachtung der Circulation benutzt werden.

ELFTES CAPITEL.

Untersuchung von Bakterien.

A) Bakterien in Flüssigkeiten.

Bakterien in Flüssigkeiten kann man nach folgenden Methoden untersuchen: .

1) **Untersuchung der ungefärbten Bakterien auf dem Objectträger.**

Man bringt von der zu untersuchenden Flüssigkeit einen Tropfen auf den Objectträger, entweder unverdünnt oder, wenn die Flüssigkeit sehr reich an zelligen Bestandtheilen ist, mit etwas destillirtem Wasser verdünnt, und deckt mit einem Deckglas zu.

Man untersucht dann mit starker Vergrösserung und enger Blendung. Man kann sich die Untersuchung erleichtern, und sich namentlich wenn es sich um Kokken handelt, vor einer Verwechslung mit Eiweisskörnchen schützen, wenn man zu dem Präparat verdünnte Essigsäure oder 2%ige Kalilauge bringt, gegen welche die Bakterien sich — mit Ausnahme der Recurrensspirillen — resistent verhalten. Ebenso werden Bakterien durch Alkohol, Chloroform und Aether nicht verändert, während Fetttröpfchen verschwinden.

In den meisten Fällen sichert übrigens schon die ganz gleichmässige Form und Grösse der Bakterien, oft auch ihre eigenthümliche Lagerung in Ketten-, Trauben- oder Zoogloeaform vor Irrthümern.

Will man Bakterien aus einer Cultur frisch untersuchen, so bringt man mit einer ausgeglühten Platinöse etwas von der Cultur in einem Tropfen Wasser auf den Objectträger und verreibt es auf diesem. Statt des destillirten Wassers kann man auch 0,6%ige Kochsalzlösung oder Bouillon verwenden. Die Eigenbewegung der Bakterien sistirt man, wenn sie für die Untersuchung störend wird, dadurch, dass man vom Rande des Deckgläschens aus einen Tropfen Sublimatlösung zufliessen lässt.

2) Die Untersuchung im hängenden Tropfen. Dieselbe ist viel bedeutsamer, weil sie auch die Lebensbedingungen der Bakterien fortgesetzt zu beobachten gestattet. Man bedient sich dazu der hohlgeschliffenen Objectträger, welche in der Mitte eine uhrschalenförmige Vertiefung besitzen. Diese Vertiefung wird rings an ihrem Rande mit einer ganz dünnen Schicht Vaseline bestrichen, damit die kleine feuchte Kammer, welche gebildet wird, wenn man auf diese Vertiefung das Deckglas auflegt, luftdicht abgeschlossen werden kann. Nun bringt man auf die Mitte des vorher sorgfältig gereinigten Deckglases vermittels der Platinöse einen feinen Tropfen der zu untersuchenden Flüssigkeit und legt dann das Deckglas so auf die Vaselineschicht, dass der Tropfen nach unten in den Hohlraum des Objectträgers frei herunterhängt. Objectträger und Deckglas, sowie alle sonstigen zur Verwendung kommenden Instrumente müssen durch Ausglühen gut sterilisirt sein.

Auch im hängenden Tropfen untersucht man mit enger Blendung. Vor allem muss man sich hüten, bei der nicht ganz leichten groben Einstellung des Tubus das Deckgläschen einzudrücken. Hat man die Untersuchung im hängenden Tropfen beendigt, so kann man das Deckglas abheben, etwa anhaftende Vaseline mit Benzin entfernen und dann, nachdem der etwas ausgestrichene Tropfen angetrocknet ist, noch nachträglich färben.

Will man die biologischen Eigenschaften bestimmter Bakterien, die man z. B. in einer Reincultur gezüchtet hat, studiren, so bringt man auf das Deckgläschen einen Tropfen sterilisirter Bouillon und impft dann den Bouillontropfen mittels einer ausgeglühten Platinnadel von der betreffenden Reincultur. In dieser Weise kann man die Untersuchung im hängenden Tropfen Tage lang fortsetzen und auch zwischendurch das Präparat im Brütofen verweilen lassen.

3) Nachweis der Bakterien durch das Färbungsverfahren.

Für die Färbung der Bakterien kommen fast ausschliesslich die basischen Anilinfarben in Betracht, und zwar sind am meisten im Gebrauch: Gentianaviolett, Methylenblau, Fuchsin und Bismarckbraun (Vesuvin). Diese Farben kommen meistens in wässeriger Lösung zur Anwendung. Da nun diese wässerige Lösungen nicht sehr haltbar sind, so hält man sich von den genannten Farbstoffen am besten concentrirte alkoholische Lösungen vorräthig, von denen man sich dann vor dem jedesmaligen Gebrauch durch Einträufeln in destillirtes Wasser eine frische wässerige Lösung bereitet, die einen Farbstoffgehalt von etwa 1—1½ ‰ haben soll. Die Wirkung und Färbekraft der Anilinfarben wird verstärkt:

a) Durch Erwärmung, entweder längere Zeit bei Brütofentemperatur, oder für kurze Zeit über einer Spirituslampe, bis von der Oberfläche der Flüssigkeitsschicht Dämpfe aufzusteigen beginnen.

b) Durch einen Zusatz von Kalilange. Dieser bediente sich Koch zusammen mit dem Einfluss der Wärme, bei der ursprünglichen Tuberkelbacillenfärbung.

Jetzt kommt die Kalilauge vorwiegend noch in der Löffler'schen Methylenblaulösung zur Verwendung, welche wegen ihrer vielfachen Gebrauchsfähigkeit und ihrer Haltbarkeit eine Art von Universalfärbemittel für Bakterien darstellt.

c) Durch Lösen der Farbe in Anilinwasser. Zur Bereitung des Anilinwassers giesst man 5 Theile Anilinöl zu 100 Theilen Wasser und schüttelt ordentlich um. Die beim Schütteln entstehende milchige Flüssigkeit filtrirt man. Sie muss dann klar und vollkommen durchsichtig abfliessen. In dem Anilinwasser wird dann entweder direct die Farbe gelöst, oder man giesst von einer concentrirten alkoholischen Lösung so viel zu, bis eine deutliche Opalescenz eintritt.

Man verwendet hauptsächlich Anilinwasserfuchsin und Anilinwassergentianaviolett.

d) Ebenso wie Anilinwasser verstärkt auch 5%iges Carbolwasser die Wirkung der Anilinfarben. Die Carbolwasserlösungen der Anilinfarben sind ganz besonders zu empfehlen wegen ihrer ausgezeichneten Färbefähigkeit und wegen ihrer Haltbarkeit.

Die Entfernung der überschüssigen Farbe geschieht bei weitem in den meisten Fällen durch einfaches Auswaschen in reichlichen Mengen von destillirtem Wasser.

Ausserdem kommen aber noch in Betracht:

a) Alkohol,

b) verdünnte Essigsäure, meist $\frac{1}{2}$—1%ig.

Beide bewirken eine vollständigere Entfernung der Farbe und bei Schnitten ein besseres Hervortreten der Kernfärbung. Zu letzterem Zweck wendet man auch manchmal zuerst Essigsäure und dann noch Alkohol an.

c) Jodjodkalilösung 1 : 2 : 100.

d) Mineralsäuren 3—10%ig.

Diese beiden letzteren Mittel entfärben sehr stark, auch einen Theil der Spaltpilze, so dass dadurch andere Bakterienarten, welche die Fähigkeit haben, die Farbe länger festzuhalten, besser hervortreten.

e) Verschiedene Salze, welche die Kerne entfärben: kohlensaures Kali und Natron, Liquor ferri sesquichlorat, Kali bichromic., Kalium hypermanganic., Palladiumchlorid, kohlensaures Lithion etc.

f) Auch durch saure Anilinfarben: Tropaeolin und Fluorescin, die man dem zur Entfärbung verwendeten Alkohol zusetzt, wird eine stärkere Entfärbung bewirkt als durch Alkohol allein.

In den meisten Fällen färben die aufgezählten basischen Anilinfarben alle ziemlich gleich gut. Eine besondere Verbreitung hat namentlich gefunden:

Löffler's Methylenblaulösung.

Concentrirte alkoholische Methylenblaulösung	30 ccm
Kalilauge 0,01 : 100	100 „

Färbung von Deckglastrockenpräparaten.

Will man nun eine Flüssigkeit mittels des Färbeverfahrens auf Bakterien untersuchen, so streicht man eine dünne Lage derselben auf dem Deckgläschen mittels der Platinöse aus, oder man bedeckt das mit einem Tropfen der Flüssigkeit versehene Deckglas mit einem zweiten und zieht dann beide von einander ab. Dann lässt man das Deckglas, mit der bestrichenen Seite nach oben lufttrocken werden, und zieht es dann dreimal langsam durch eine Spiritusflamme. Es ist aber zu bemerken, dass man diese Fixation durch das Erwärmen nicht eher vornehmen darf, als bis das Präparat vollkommen lufttrocken geworden ist. Nun bringt man das Deckgläschen entweder so in ein Uhrschälchen mit Farblösung, dass man das zwischen Daumen und Zeigefinger gefasste Gläschen auf die Farbflüssigkeit herabfallen lässt, auf welcher es dann mit der bestrichenen Seite nach unten schwimmt, oder man trägt vermittels eines Glasstabes oder einer Pipette einfach ein paar Tropfen der Farblösung auf das Deckglas auf. Nach 1—2—3 Minuten wäscht man in Wasser ab, indem man das Deckglas in einer Schale mit Wasser hin und herbewegt, bis es keine Farbe mehr abgiebt, oder indem man auf die gefärbte Seite den Strahl einer Spritzflasche wirken lässt; dann trocknet man das Deckglas sehr sorgfältig zwischen mehrmals gewechselten Lagen von Fliesspapier ab; man kann auch das vollständige Trockenwerden des Präparats noch dadurch sichern, dass man dasselbe mehrmals über der Flamme hin und herzieht. Wenn das Präparat noch irgend Spuren von Feuchtigkeit enthält, so wird der Kanadabalsam trübe.

Dann bringt man das Deckglas mit einem Tropfen Kanadabalsam auf den Objectträger. Will man das Präparat nicht conserviren, so kann man auch das Deckglas einfach mit einem Tropfen Wasser auf den Objectträger bringen. Die Kanadabalsampräparate geben aber viel bessere Bilder.

Will man eine isolirte Färbung der Bakterien, ohne Färbung der Kerne etc., erzielen, so bringt man die Deckgläschen aus der Farbe zunächst eine Minute lang in eine gesättigte Lösung von kohlensaurem Kali, die zur Hälfte mit Wasser verdünnt ist. Dann erst folgt Auswaschen in Wasser etc.

Es ist demnach die Reihenfolge der Manipulationen bei der Deckglasfärbung die folgende:

1) Ausbreiten der Flüssigkeit auf dem Deckglas und Trockenwerdenlassen.
2) Dreimaliges Durchziehen durch die Flamme.
3) Färben, 1—3 Minuten lang.
4) Abspülen in Wasser.
5) Trocknen zwischen Fliesspapier.
6) Kanadabalsam.

In der beschriebenen Weise kann man mit wässerigen Lösungen von Fuchsin, Gentianaviolett, Methylenblau und Bismarckbraun färben. Namentlich Gentianaviolett eignet sich sehr gut zu den meisten derartigen Färbungen, bei denen man natürlich auch von den oben aufgeführten Unterstützungsmitteln der Färbung Gebrauch machen kann. Auch die LÖFFLER'sche Methylenblaulösung ist sehr zu empfehlen; dann leisten auch die Farblösungen in Carbolwasser sehr gute Dienste. Für manche Fälle aber eignet sich mehr das

GRAM'sche Färbungsverfahren.

1) Färbung 2—5 Minuten lang in gesättigter Anilinwassergentianaviolettlösung.
2) Uebertragen des Präparats 1—1½ Minuten in Jodjodkalilösung 1 : 2 : 300, in welcher dasselbe ganz schwarz wird.

4 *

3) Entfärben in Alkohol, bis die anfangs schwarze Farbe verschwunden und das Präparat ganz blassgrau geworden ist.

4) Einlegen in Kanadabalsam.

Die Entfärbung in absolutem Alkohol kann beschleunigt und verstärkt werden, wenn man demselben $3\frac{0}{0}$ Salpetersäure zusetzt. Aus dem sauren Alkohol kommen die Schnitte dann in reinen Alkohol. Nach RIBBERT kann man auch zur schnelleren und stärkeren Entfärbung dem Alkohol 10—20 Theile Essigsäure zusetzen.

Die GRAM'sche Färbungsmethode hat zwei grosse Vortheile. Einmal wird alles, was in den Präparaten noch an zelligen Bestandtheilen vorhanden ist, entfärbt, so dass die Bakterien mit tiefblauer Farbe um so deutlicher und schärfer hervortreten. Die Zellen können übrigens durch eine nachträgliche Contrastfärbung mit Bismarckbraun wieder sichtbar gemacht werden.

Der zweite grosse Vorzug des GRAM'schen Verfahrens besteht darin, dass durch dasselbe nur gewisse Bakterienarten gefärbt bleiben, während andere, die sonst manchmal den gefärbt bleibenden morphologisch sehr ähnlich sind, entfärbt werden. Es kann also unter Umständen das GRAM'sche Verfahren zu differentiell diagnostischen Zwecken verwandt werden und kommt dann eventuell noch neben der gewöhnlichen Bakterienfärbung zur Anwendung.

Nach GRAM färben sich: Tuberkelbacillus, Pneumoniecoccus von FRÄNKEL-WEICHSELBAUM, Streptococcus pyogenes, Streptococcus des Erysipels, Staphylococcus pyogenes aureus, albus, citreus und flavus, Milzbrandbacillen, Bacillen des Schweinerothlaufs.

Nach GRAM werden entfärbt: Typhusbacillen, Gonokokken, FRIEDLÄNDER'sche Kapselbacillen, KOCH'scher Commabacillus der Cholera.

B. Färbung von Schnittpräparaten.

Die Untersuchung von Bakterien in Schnitten geschieht fast immer nach vorausgegangener Färbung.

Zur Bakterienfärbung werden die Schnittpräparate immer direct aus dem absoluten Alkohol in die Farblösung gebracht. Für die meisten Fälle eignet sich sehr gut Gentianaviolett.

Im Allgemeinen kommen dieselben Methoden der Färbung in Betracht, wie für die Deckglastrockenpräparate. Dabei sind jedoch gewisse Modificationen von Vortheil.

1) Meist ist es zweckmässig, die Schnitte länger in der Farbe zu belassen als Trockenpräparate derselben Bakterien.

2) Sehr oft ist es von Nutzen, die Färbung in der Wärme vorzunehmen, entweder im Brütofen oder über einer Spiritusflamme. Die Erwärmung über der Spiritusflamme darf nur so weit getrieben werden, bis von der Oberfläche der Farblösung Dämpfe aufzusteigen beginnen.

3) Es erleichtert bei solchen Schnitten, bei denen durch den Entfärbungsprocess die Kerne entfärbt oder undeutlich werden, die Untersuchung oft sehr, wenn man durch eine Doppelfärbung die Kerne wieder sichtbar macht. Für solche Doppelfärbungen eignet sich namentlich Lithionkarmin, Pikrokarmin und Bismarckbraun.

4) Will man die theilweise Entfärbung der Schnitte, welche das Entwässern in Alkohol mit sich bringt, vermeiden oder verringern, so

kann man dem zum Entwässern benutzten Alkohol etwas von derselben Farbe zusetzen, in der man gefärbt hat. Der Alkohol wirkt dann nur noch wasserentziehend, entzieht aber dem Präparat keine Farbe mehr. In der Regel aber ist dieses Verfahren überflüssig, wenn man von vornherein so stark färbt, dass eine partielle Entfärbung in Alkohol nicht nur nicht schadet, sondern erwünscht ist.

5) Zur Aufhellung der Schnitte eignet sich Nelkenöl nicht, da es die Anilinfarben auszieht, zum Theil ihnen auch einen schmutzigen Farbenton verleiht. Besser ist Origanumöl; am meisten aber empfiehlt sich zum Aufhellen von Bakterienschnitten Xylol.

Die einzelnen Methoden, die bei der Färbung von Schnitten auf Bakterien zur Verwendung kommen, sind die folgenden:

Färbung nach Löffler.
1) Färbung in Löffler's Methylenblau (s. p. 50) 3—5 Minuten lang.
2) 10—30 Secunden lang in $0,5\frac{0}{0} - 1,0\frac{0}{0}$ Essigsäure.
3) Entwässern in Alkohol; Xylol, Kanadabalsam.
Man kann auch der Essigsäure zur stärkeren Entfärbung so viel Tropaeolin zusetzen, dass sie eine weingelbe Farbe erhält.

Färbung in Gentianaviolett.
1) Färbung in $2\frac{0}{0}$ wässeriger oder in ebenso starker alkoholischer Gentianaviolettlösung, bis die Schnitte dunkelviolett geworden sind.
2) Auswaschen in absolutem Alkohol, bis eine hellviolette Färbung erzielt ist.
3) Xylol, Kanadabalsam.
Diese Methode giebt bei vielen Schnitten, namentlich z. B. bei Milzbrandbacillen, ausgezeichnete Resultate. Es wird eine ganz distincte hellviolette Färbung der Kerne erzielt, von denen sich die Bacillen durch ihre gesättigtere Färbung scharf abheben.
In einzelnen Fällen ist es praktisch, die Schnitte aus der Farbe und vor dem Auswaschen in Alkohol für 10—20 Secunden in $0,5\frac{0}{0}$ige Essigsäure zu bringen.

Gram'sche Färbung.
S. p. 51. Die Färbung wird etwas länger vorgenommen als bei Trockenpräparaten. In die Jodlösung werden die Schnitte entweder direct aus der Farblösung, oder nachdem man sie für ganz kurze Zeit in $0,6\frac{0}{0}$ige Kochsalzlösung gebracht hat, mit dem Spatel übertragen, weil sie sich sonst stark kräuseln.
Meist ist dann noch eine Nachfärbung am Platze, die am besten mit Bismarckbraun in folgender Weise bewirkt wird.
1) Der in Alkohol entfärbte Schnitt wird 2—5 Minuten in wässeriger oder alkoholischer Bismarckbraunlösung (s. p. 33) gefärbt.
2) Auswaschen in Alkohol absolut., bis der Schnitt gelbbraun geworden ist.
3) Xylol, Kanadabalsam.

Verfahren von Weigert.
1) Härtung der Präparate in absolutem Alkohol.
2) Färben in einer gesättigten Anilinwassergentianaviolettlösung, 5 bis 15 Minuten lang.
3) Kurzes Abspülen in $0,6\frac{0}{0}$iger Kochsalzlösung.
4) Der Schnitt wird auf dem Spatel oder auf dem Objectträger aus der Kochsalzlösung genommen und vorsichtig mit Fliesspapier abgetrocknet.

5) 1—2 Minuten in Jodjodkalilösung auf dem Spatel oder Objectträger.
6) Abtrocknen mit Fliesspapier.
7) Entfärben in Anilinöl, bis dasselbe keine Farbe mehr aufnimmt.
8) Entfernen des Anilinöls mit Xylol.
9) Kanadabalsam.

Die Methode giebt sehr gute Bilder. Es färben sich nur die Spaltpilze (und etwa vorhandenes Fibrin) tiefblau. Will man auch das Gewebe sichtbar machen, so färbt man 3 Minuten lang in Lithionkarmin (s. p. 31) und bringt die Schnitte aus dem Wasser, in welchem der salzsaure Spiritus entfernt wurde, in die Anilinwassergentianaviolettlösung. Die Färbung mit Lithionkarmin muss vorher geschehen, weil bei der Weigert'schen Färbung eine Entwässerung in Alkohol unzulässig ist.

Methylenblaumethode von Kühne.

1) Uebertragen der Schnitte aus dem Alkohol in eine Lösung von
Methylenblau 1,5
Alkohol absolut. 10,0
5% Carbolwasser 100,0
½—2 Stunden lang (letzteres bei Leprabacillen).
2) Schnelles Abspülen in Wasser.
3) Auswaschen in angesäuertem Wasser, 2 Tropfen Salzsäure : 100 Wasser, bis die Schnitte blassblau geworden sind.
4) Abspülen in einer Lösung von kohlensaurem Lithion. 6—8 Tropfen concentrirte Lösung von kohlensaurem Lithion auf 10 ccm Wasser.
5) Uebertragen in reines Wasser, 3—5 Minuten lang.
6) Kurzes Verweilen in absolutem Alkohol.
7) Uebertragen in Methylenblau-Anilinöl (1 Messerspitze voll auf 10,0 Anilinöl gelöst; von dieser Lösung vor dem Gebrauch zu reinem Anilinöl so viel zugesetzt, bis der gewünschte Farbenton erzielt ist).
8) Reines Anilinöl.
9) Uebertragen in ätherisches Oel, z. B. Tereben.
10) Xylol.
11) Kanadabalsam.

Die etwas umständliche Methylenblaumethode von Kühne ist auf verhältnissmässig viele Bakterienarten anwendbar; auch schwieriger zu färbende Bacillen treten durch sie deutlich hervor. Will man neben der Bakterienfärbung auch noch eine scharfe Kernfärbung erzielen, so wäscht man nicht in angesäuertem Wasser, sondern statt dessen in stark verdünnter wässriger Lösung von Chlorhydrinblau aus.

Schnittpräparate von Gelatineculturen.

In den letzten Jahren sind mehrere Methoden empfohlen worden, um Schnittpräparate von Gelatinestichculturen anzufertigen.

Zu dem Zwecke sticht man die Agar- oder Gelatinecultur aus oder entfernt sie durch leichtes Erwärmen des Reagensglases. Man kann auch das letztere zerschlagen. Der Gelatine- oder Agarstich wird dann in 85%igen — 95%igen Spiritus übertragen, gehärtet, später auf Kork fixirt und mit dem Mikrotom geschnitten.

Neisser empfiehlt, die Stiche zunächst je nach der Grösse für 1—8 Tage in eine 1%ige Lösung von doppeltchromsaurem Kali zu übertragen und der Einwirkung des Lichtes auszusetzen. Dann gründliches Auswaschen in Wasser und Härtung erst in 70%igem, dann in 95%igem Alkohol.

Die Färbung geschieht in den gewöhnlichen Lösungen von Anilinfarben. Gelatine und Agar selbst geben sowohl in Alkohol wie in Anilinöl den Farbstoff ab. Aehnlich wie bei Stichculturen verfährt man auch bei Plattenculturen.

Färbung der Sporen.

Die Sporen bilden helle, stark glänzende Körner entweder innerhalb der Bacillen oder an einem Ende des Stäbchens. Sie sind dadurch ausgezeichnet, dass sie den Farbstoff viel schwerer aufnehmen als Bakterien und demgemäss bei den gewöhnlichen Bakterienfärbungen als ungefärbte, helle Körnchen erscheinen. Sie geben aber auch den einmal aufgenommenen Farbstoff viel schwerer wieder ab, als die Bakterien selbst. Darauf beruht die Methode der Sporenfärbung.

Man färbt dieselben längere Zeit in der Wärme mit Anilinwasserfuchsin oder Carbolfuchsin und entfärbt dann kurze Zeit in einer Mineralsäure, die den Bakterienleib wieder entfärbt, während die Spore gefärbt bleibt. Wäscht man dann in Wasser aus und wendet nachträglich für die schon entfärbten Bakterien eine Contrastfärbung, am besten Methylenblau an, so erscheinen die Sporen, die von der nachträglichen Methylenblaufärbung unbeeinflusst bleiben, roth, die Bakterien dagegen blau. Die Färbung der Sporen ist mit Sicherheit bis jetzt nur in Deckglaspräparaten gelungen.

Das Verfahren stellt sich also folgendermaassen dar:

1) Aufstreichen der zu untersuchenden Flüssigkeit auf Deckgläser, Lufttrocknen und dreimaliges Durchziehen durch die Flamme.
2) Färbung 20—40 Minuten lang in erwärmter Anilinwasserfuchsinlösung oder in Carbolfuchsin.
3) 1 Minute lang Entfärben in 5%iger Salpetersäure.
4) Abspülen in Wasser.
5) Färben, 2 Minuten lang, in Löffler'schem Methylenblau.
6) Abspülen in Wasser.
7) Trocknen zwischen Fliesspapier.
8) Kanadabalsam.

Eine isolirte Färbung der Sporen kann man auch erzielen, wenn man die Deckglaspräparate durch öfteres Durchziehen durch die Flamme (10—30mal) oder durch Einbringen in den Brutschrank bei 200° erhitzt und dann in einer wässerigen Lösung, am besten Methylenblau, färbt. Die Kerne und Bakterien verlieren durch das Erhitzen ihre Färbbarkeit, während umgekehrt die Sporen leichter färbbar werden.

Uebersicht über die Färbung der verschiedenen pathogenen Bakterien.

Eiterkokken.

Die gewöhnlich im Eiter vorkommenden verschiedenen Kokkenarten, der Staphylococcus pyogenes aureus, citreus, flavus und albus, sowie der Streptococcus pyogenes färben sich alle gut mit den gewöhnlichen wässerigen Anilinfarblösungen, namentlich mit Gentianaviolett und mit Löffler's Methylenblau.

Sie lassen sich sämmtlich auch nach Gram (s. p. 51) färben, und diese Methode ist deshalb besonders zu empfehlen, weil die zahlreichen Eiterkörperchen, die sonst das scharfe Hervortreten der betreffenden Kokkenart erheblich beeinträchtigen, entfärbt werden. Auch hat das

Gelingen der GRAM'schen Färbung eine differentiell diagnostische Bedeutung gegenüber anderen ähnlich aussehenden Kokken. Für Schnitte ist ebenfalls die GRAM'sche Färbung (s. p. 53) mit nachfolgender Färbung in Bismarckbraun oder die WEIGERT'sche Färbung (s. p. 53) mit vorhergehender Lithionkarminfärbung zu empfehlen. Es ist zu beachten, dass die genannten Kokken nicht nur bei Abscessen und Phlegmonen, sondern auch bei Osteomyelitis, Pyämie, acuter Endocarditis, Perimetritis, eiteriger Meningitis etc. gefunden werden.

Erysipelkokken.

Der dem Streptococcus pyogenes morphologisch so sehr ähnliche Streptococcus des Erysipels verhält sich auch Farblösungen gegenüber ganz gleich. Er färbt sich auch gut nach GRAM.

Gonokokken.

Die Gonokokken liegen zum grossen Theil innerhalb der Eiterzellen, und es erleichtert diese charakteristische Lage die Diagnose sehr. Die Untersuchung geschieht in Deckgläsern, die mit dem Eiter der Harnröhrenschleimhaut, der Cervixschleimhaut, der Tube etc. oder der Conjunctiva bestrichen sind. Die Färbung geschieht mit wässrigen Farblösungen. Nach GRAM entfärben sich die Gonokokken, was für die Differentialdiagnose von Wichtigkeit ist.

Eine Doppelfärbung erreicht man nach folgender Methode:
1) Färben 2—3 Minuten lang in alkoholischer Eosinlösung, eventuell in der Wärme.
2) Absaugen des überschüssigen Eosins mit Fliesspapier.
3) Färben, $\frac{1}{2}$ Minute lang, in alkoholischer Methylenblaulösung.
4) Abwaschen in Wasser.
5) Trocknen mit Fliesspapier. Kanadabalsam.
Es erscheinen dann die Kokken blau, die Zellen roth.
J. SCHÜTZ empfiehlt folgendes Verfahren:
1) Färben der Deckglastrockenpräparate in einer gesättigten Lösung von Methylenblau in 5%igem Carbolwasser, 5—10 Minuten lang.
2) 3 Secunden lang Verweilen in Essigsäurewasser: Acid. acetic. dilut. 5 Tropfen: Aqua 20.
3) Gründliches Abspülen in Wasser.
4) Nachfärbung in sehr verdünnter Saffraninlösung.

Pneumoniecoccus von FRÄNKEL-WEICHSELBAUM.

Der lancettförmige Diplococcus von FRÄNKEL-WEICHSELBAUM kommt am häufigsten bei Pneumonie vor; er ist von einer Kapsel umgeben, die bei der gewöhnlichen Färbungsmethode ungefärbt bleibt. Zu beachten ist aber, dass er sich nicht nur in der Lunge bei croupöser Pneumonie findet, sondern dass er, namentlich auch in den Excrescenzen der frischen Endocarditis und in dem Eiter der Cerebrospinalmeningitis oft nachgewiesen ist. Er färbt sich mit den gewöhnlichen wässerigen Farblösungen. Sehr bewährt hat sich mir auch die Färbung in Carbolfuchsin (Fuchsin 1; 5%iges Carbolwasser 100). Bei mehrstündigem Verweilen in der Lösung erscheint der Coccus selbst intensiv roth gefärbt, die Kapsel hat einen leichten röthlichen Farbenton. Wegen der Kapseldarstellung siehe auch FRIEDLÄNDER'S Kapselbacillus.

Der Pneumoniecoccus von FRÄNKEL-WEICHSELBAUM färbt sich, was besonders hervorzuheben ist, auch nach GRAM; es ist das ein für die

Differentialdiagnose sehr wichtiger Unterschied gegenüber dem Kapsel-bacillus FRIEDLÄNDER'S.

FRIEDLÄNDER'S Kapselbacillus.

Der FRIEDLÄNDER'sche Kapselbacillus färbt sich ebenfalls gut mit wässerigen Farblösungen, wobei die Kapsel ungefärbt bleibt. Er entfärbt sich nach GRAM.

Will man die Kapsel in Schnitten mitfärben, so verfährt man folgendermaassen:

1) Färben 24 Stunden lang in der Wärme in:

conc. alkoholischer Gentianaviolettlösung   50,0
Aqua destillat.   100,0
Eisessig   10,0.

2) Auswaschen in 1%iger Essigsäure.
3) Alkohol.
4) Kanadabalsam.

Auf diese Weise färbt sich die Kapsel blassblau, die centrale Partie dagegen tiefblau. Wenn man den Grad der Entfärbung nicht richtig trifft, so bleibt auch die Kapsel dunkelblau gefärbt.

Für Deckglaspräparate hat FRIEDLÄNDER zur Färbung der Kapsel folgendes Verfahren angegeben:

1) Die dreimal durch die Flamme gezogenen Präparate werden einige Minuten lang in Essigsäure gelegt.
2) Entfernen der Essigsäure durch Blasen mit einem Glasrohr und schnelles Trocknen an der Luft.
3) Färben einige Secunden lang in gesättigter Anilinwassergentiana-violettlösung.
4) Abspülen in Wasser; Trocknen zwischen Fliesspapier; Kanada-balsam.

RIBBERT verfährt zur Darstellung der Kapsel nach folgender Methode:

1) Färben wenige Minuten lang in einer in der Wärme gesättigten Lösung von:

Dahlia
Wasser   100,0
Alkohol   50,0
Eisessig   12,5.

2) Abspülen in Wasser. Trocknen. Kanadabalsam.

Die Bakterien erscheinen tiefblau, die Kapsel hellblau. Wenn aber die Farblösung zu lange einwirkt, so erscheint auch die Kapsel tiefblau und lässt sich dann nicht mehr von den Kokken unterscheiden.

Sarcina ventriculi.

Färbt sich mit wässerigen Anilinfarblösungen. Die leicht eintretende Ueberfärbung wird am besten bei Anwendung verdünnter Bismarck-braunlösungen vermieden.

Milzbrandbacillen.

Die Milzbrandbacillen färben sich gut in den gewöhnlichen wässerigen Lösungen. Sie färben sich auch gut nach GRAM.

Für Schnittpräparate ist diese letztere Färbung mit nachfolgender Bismarckbraunfärbung (s. p. 53) anzuwenden oder die WEIGERT'sche Färbung (s. p. 53) mit vorheriger Färbung in Lithionkarmin. Ausser-dem giebt aber auch gerade bei Milzbrandschnittpräparaten die einfache Färbung in starker wässeriger Gentianaviolettlösung und nachheriges Auswaschen in absolutem Alkohol (s. p. 53) sehr gute Bilder. Die Kerne sind hellblau, die Milzbrandbacillen dunkelblau gefärbt. Die Sporenfärbung wird in der p. 55 erwähnten Weise vorgenommen.

Bacillen des malignen Oedems.

Die Bacillen des malignen Oedems sind etwas schlanker als die Milzbrandbacillen, denen sie sonst sehr ähnlich sehen. Sie färben sich in wässerigen Lösungen von Gentianaviolett; nach GRAM entfärben sie sich.

Diphtheriebacillus.

In den diphtheritischen Membranen findet sich eine grosse Anzahl verschiedener Arten von Kokken und Stäbchen, die sich mit den gewöhnlichen Farblösungen gut tingiren. Ausserdem aber hat LÖFFLER ein Stäbchen beschrieben, das ziemlich kurz und etwas gekrümmt erscheint, und das sich besonders gut mit LÖFFLER's Methylenblau färbt und wahrscheinlich zu der Diphtheritis in ätiologischer Beziehung steht.

Bacillen des Rhinoskleroms.

Der bei Rhinosklerom gefundene Bacillus besitzt eine Schleimhülle, ähnlich dem FRIEDLÄNDER'schen Kapselbacillus; er unterscheidet sich aber von diesem sehr wesentlich dadurch, dass er sich nach GRAM färbt. Ausserdem färbt er sich leicht in wässerigen Anilinfarbenlösungen.

Rotzbacillen.

Die einfachen wässerigen Lösungen färben zwar Deckglastrockenpräparate, aber wenig intensiv. Alkalische Lösungen färben viel besser; ebenso Anilinwassergentianaviolettlösung, der gleiche Theile einer Kalilösung 1 : 10000 zugesetzt sind. Die Mischung muss jedesmal frisch bereitet werden. Vor dem Auswaschen kann in einer schwachen Essigsäurelösung (1 ⅜), der etwas Tropaeolin zugesetzt ist, kurze Zeit entfärbt werden. Das letztere hat den Vortheil, dass es das Zellprotoplasma ganz, und die Kerne wenigstens etwas entfärbt und so die Bacillen deutlicher hervortreten lässt.

Die Färbung (nach LÖFFLER) ist demnach folgende:
1) Färben 5 Minuten lang in alkalischer Methylenblaulösung oder Anilinwassergentianaviolettlösung mit Kalizusatz.
2) 1 Secunde in durch Tropaeolin weingelb gefärbte Essigsäure.
3) Schnelles Auswaschen in destillirtem Wasser.
4) Alkohol — Oel — Kanadabalsam.

Gewebsschnitte werden ebenso gefärbt; zur partiellen Entfärbung dient aber statt der Tropaeolinessigsäure 5 Secunden langes Verweilen in

Aqua dest. 10,0
concentrirte schweflige Säure 2 Tropfen
5%ige Oxalsäure 1 Tropfen.

Empfehlenswerth ist es noch, wenn man die Schnitte unmittelbar vor der Färbung einige Minuten in Kalilösung 1 : 10000 legt.

Es gelingt aber auch mit dieser Methode nicht eine ganz isolirte Färbung der Rotzbacillen herbeizuführen.

KÜHNE empfiehlt zur Färbung der Rotzbacillen das von ihm angegebene Methylenblauverfahren (s. p. 54). Man kann mit demselben auch eine Doppelfärbung verbinden, wenn man dem zum Aufhellen benutzten Terpentinöl etwas Saffranin zusetzt.

Schütz hat für Schnitte das folgende Verfahren empfohlen:
I. Färben 24 Stunden lang in:
conc. alkohol. Methylenblaulösung ⎫ zu gleichen
Kalilauge 1 : 1000 ⎭ Theilen.
II. Abwaschen in angesäuertem Wasser.
III. 5 Minuten in 50%igen,
IV. 5 Minuten in absoluten Alkohol.
V. Cedernöl; Kanadabalsam.

Typhusbacillen.

Sie finden sich beim Abdominaltyphus in der Darmschleimhaut, im Follikelapparat, in den Mesenterialdrüsen, in der Milz, in der Leber, in den Dejectionen etc. Sie färben sich nicht nach Gram. In Deckglaspräparaten sind sie leicht mit den gewöhnlichen wässerigen Lösungen, namentlich auch mit Fuchsin, zu färben. Abspülen in Wasser (nicht Alkohol). In Schnitten unterscheiden sich die Typhusbacillen von einer Reihe von Fäulnissbacillen, denen sie sonst morphologisch sehr ähnlich sind, dadurch, dass sie keine so scharfe Färbung annehmen wie letztere. Für Schnitte sind als Farblösungen besonders geeignet Löffler's Methylenblau oder Carbolfuchsin. Es empfiehlt sich, die Schnitte 24 Stunden in der Farblösung zu belassen und einfach in Wasser abzuspülen.

Syphilisbacillen.

Für die sog. Syphilisbacillen ist von Lustgarten folgendes Färbungsverfahren angegeben worden:
1) Färben 24 Stunden lang bei Zimmertemperatur und dann 2 Stunden im Brütofen bei 40° in Anilinwassergentianaviolett.
2) Abspülen in Alkohol absolut. 3—5 Minuten.
3) Entfärben:
a) in einer 1½%igen wässerigen Lösung von Kali hypermanganicum 10 Secunden, dann
b) in wässeriger Lösung von reiner schwefliger Säure, wenige Secunden lang.
4) Abspülen in Wasser.
5) Alkohol, Nelkenöl, Xylolkanadabalsam.
Gewöhnlich ist der Schnitt, wenn er in Wasser ausgewaschen wird, noch nicht vollständig entfärbt. Dann muss die Entfärbung (3 a u. b, 4) nochmals wiederholt werden.
Man kann eine Nachfärbung mit Saffranin anwenden.
Ein kürzeres Verfahren ist von Giacomi mitgetheilt worden:
I. Färbung mehrere Minuten lang in heissem Anilinwasserfuchsin.
II. Auswaschen in ganz verdünnter wässeriger Eisenchloridlösung (einige Tropfen Eisenchloridlösung auf eine Schale mit Wasser).
III. Entfärben in conc. Eisenchloridlösung.
IV. Auswaschen in Alkohol absolut.
Doutrelepont färbt mit wässeriger Methylviolettlösung 48 Stunden lang und entfärbt in der gleichen Weise wie Giacomi.
Die im Smegma praeputii vorkommenden Bacillen färben sich ebenfalls mit der Lustgarten'schen Methode.

Tuberkelbacillen.

Die Färbungsmethode der Tuberkelbacillen beruht auf einem ähnlichen Princip wie die oben angegebene Sporenfärbung. Die mit bestimmten Farbstofflösungen einmal gefärbten Bacillen behalten ihre Färbung auch bei Entfärben mit stärkeren Lösungen von Mineralsäuren bei, während alles übrige im Präparat'Befindliche, auch andere Bakterienarten entfärbt werden. Färbt man nun weiterhin mit einer zweiten Anilinfarbe in einfach wässeriger Lösung, die sich von der ersten für das Auge gut unterscheidet, mit einer sog. Contrastfarbe, nach, so färbt diese die vorher entfärbten Kerne, Bakterien etc., während die Tuberkelbacillen diese zweite Farbe nicht annehmen.

Die von KOCH in Anwendung gezogene Lösung war mit Kalilauge zusammengesetzt. Jetzt gebraucht man namentlich Lösungen, die mit Anilinöl oder Carbolsäure bereitet sind. Zur Anwendung kommt Anilinwasserfuchsin resp. Carbolfuchsin mit |nachträglicher Contrastfärbung in Methylenblau und Anilinwassergentianaviolett resp. Carbolwassergentianaviolett und als nachträgliche Contrastfarbe Bismarckbraun.

EHRLICH hat die Hypothese aufgestellt, dass die Tuberkelbacillen eine Hülle besitzen, die nur für alkalische Lösungen durchgängig, für Säuren aber undurchgängig wäre. Wenn diese Hypothese auch nicht strict bewiesen ist, so erklärt sie doch am besten, warum sich die Tuberkelbacillen, nachdem sie einmal mit der alkalischen Farblösung gefärbt sind, der Einwirkung der Säure gegenüber resistent verhalten.

Auch bei der Tuberkelbacillenfärbung wurde im Verlaufe der Untersuchungen das Erwärmen der Farbstofflösung als ein wichtiges Hülfsmittel erkannt, welches namentlich eine ganz enorme Abkürzung der Färbungszeit gestattet.

In neuester Zeit ist die Tuberkelbacillenfärbung dadurch auch wesentlich vereinfacht worden, dass man durch Vermischen einer Mineralsäure und einer Methylenblaulösung die Entfärbung und die Contrastfärbung in einer einzigen Procedur vereinigt hat (B. FRÄNKEL, GABBET).

Ausserdem hat sich herausgestellt, dass Carbolsäurefuchsin unerwärmt auch schon in kurzer Zeit die Tuberkelbacillen hinreichend intensiv färbt.

Die Methoden sind für Schnitte und Trockenpräparate annähernd dieselben, nur ist es angebracht, Schnitte länger, bis zu 24 Stunden in der Farbe zu lassen, eventuell bei Brütofentemperatur.

Für die am häufigsten in der Praxis vorkommende Untersuchung von Sputum verfährt man so, dass man aus demselben die mehr bröckligen Partien mit der Pincette entnimmt und entweder mit dieser auf dem Deckglas vertheilt oder die Vertheilung auf dem Deckglase so bewirkt, dass man ein zweites Deckglas daran abreibt; dann lufttrocken werden lassen, dreimal durch die Flamme ziehen und Färben nach einer der nachfolgenden Methoden.

Handelt es sich um den Nachweis von Tuberkelbacillen in Geweben zu rein diagnostischen Zwecken, ohne dass es auf das Lageverhältniss der Bacillen zu den einzelnen Bestandtheilen des Gewebes ankommt, so nimmt man ebenfalls am besten zunächst eine Untersuchung des abgestrichenen Gewebssaftes in Deckglastrockenpräparaten vor, da dieselbe natürlich viel schneller und einfacher zu bewerkstelligen ist als die Untersuchung von Schnittpräparaten. Wenn die Untersuchung des Gewebssafts nicht zum Ziel führt, kann man noch die Untersuchung von Schnitten anreihen. Die einzelnen jetzt im Gebrauch befindlichen Methoden der Tuberkelbacillenfärbung sind folgende:

I. Verfahren von Ehrlich mit der Modification der Beschleunigung der Färbung durch Erwärmen.
1) Färben 3—5 Minuten lang in Anilinwasserfuchsinlösung (resp. Anilinwassergentianaviolett) (s. p. 50).
2) Entfärben in 20° Salpetersäure ⅓—1 Min.
3) Auswaschen in 70% Alkohol, bis kein Farbstoff mehr abgegeben wird.
4) Nachfärbung in Methylenblaulösung (resp. Bismarckbraun) 1½—2 Minuten.
5) Auswaschen in Wasser.
6) Trocknen zwischen Fliesspapier.
7) Kanadabalsam.

Anmerk. Schnitte werden länger gefärbt und kommen aus dem Wasser in Alkohol, dann in Xylol und schliesslich in Kanabalsam.

II. Verfahren von Ziehl-Neelsen.
1) 3—5 Minuten langes Färben in erwärmter Lösung von:
Fuchsin 1,0
Alkohol 10,0
Acid. carbol. conc. 5,0
Aqua destillata 100,0
2) Entfärben in 5° Schwefelsäure oder 15° Salpetersäure.
3) Auswaschen in 70% Spiritus.
4) Contrastfärbung in wässeriger Methylenblaulösung 1½ — 2 Minuten.
5) Abwaschen in Wasser.
6) Trocknen zwischen Fliesspapier.
7) Kanadabalsam.

Anmerk. Bei Schnitten Alkohol, Xylol, Kanadabalsam.

III. Verfahren von Gabbet.
1) Färben 2 Minuten lang (ohne Erwärmen) in:
Fuchsin 1,0
Alkohol 10,0
5°iges Karbolsäurewasser 100,0
2) Abwaschen in Wasser.
3) 1 Minute lang Entfärbung und Contrastfärbung in:
Methylenblau 2,0
25°ige Schwefelsäure 100,0
4) Auswaschen in Wasser.
5) Trocknen und Kanadabalsam; bei Schnitten Alkohol, Xylol, Kanadabalsam.

Das Verfahren von Gabbet ist das für die Praxis am meisten zu empfehlende; es ist sehr einfach, weil die Erwärmung fortfällt und Entfärbung und Contrastfärbung in eine Procedur vereinigt sind. Ausserdem sind die beiden Farblösungen sehr bequem zu bereiten. Andererseits ist das Verfahren vollkommen sicher, auch für Schnitte.

Bei Schnitten, in denen es auf das Auffinden ganz vereinzelter Tuberkelbacillen ankommt, sind die Methoden von Ehrlich und Neelsen beizubehalten, weil sie eher gestatten, die Färbung beliebig lange auszudehnen und dementsprechend die Entfärbung zu modificiren.

Leprabacillen.
Sind den Tuberkelbacillen sehr ähnlich; sie färben sich mit den-

selben Methoden. Ein Unterschied besteht darin, dass die Färbung schneller erfolgt, aber auch viel schneller, zuweilen schon nach Stunden wieder schwindet. Auch die Methode von GABBET liefert für Schnitte gute und — soweit meine Erfahrungen reichen — ziemlich haltbare Präparate.

Färbung nach BAUMGARTEN.

1) Färbung 6—7 Minuten lang in verdünnter alkoholischer Fuchsinlösung (5 Tropfen concentr. alkoholische Lösung auf ein Uhrschälchen mit Wasser).
2) Entfärben $\frac{1}{4}$ Minute lang in saurem Alkohol (Salpetersäure 1 : Alkohol 10).
3) Abwaschen in Wasser.
4) Nachfärbung in Methylenblau, Abwaschen in Wasser etc. Kanadabalsam.

Während die Leprabacillen so als rothe Stäbchen auf blauem Grunde erscheinen, färben sich Tuberkelbacillen mit dem angegebenen Verfahren in der kurzen Zeit nicht.

Andererseits kann man nach LUSTGARTEN zur differentiellen Diagnose zwischen Tuberkel- und Leprabacillen die Thatsache verwerthen, dass die in Anilinwassergentianaviolett oder Anilinwasserfuchsin gefärbten Leprabacillen durch eine 1$\frac{3}{5}$ige Lösung von unterchlorigsaurem Natron nicht so leicht entfärbt werden, wie Tuberkelbacillen.

Cholerabacillen.

Die Cholerabacillen färben sich namentlich gut in concentrirten wässerigen Fuchsinlösungen. Man thut gut, die Farblösung 10 Minuten lang einwirken zu lassen. Nach GRAM entfärben sie sich. Schnitte werden mit Fuchsinlösung oder Methylenblau gefärbt.

Recurrensspirillen.

Zur Färbung der Recurrensspirillen im Blut hat GÜNTHER ein Verfahren angegeben, welches bezweckt, das Hämoglobin der rothen Blutkörperchen zu extrahiren und diesen die Färbbarkeit zu nehmen, damit die gefärbten Spirillen um so besser hervortreten.

1) Die Deckglaspräparate werden dreimal durch die Flamme gezogen, oder besser für 5 Minuten in den Thermostaten bei 75° gelegt.
2) 10 Secunden langes Abspülen in 5°iger Essigsäure.
3) Entfernen der Essigsäure, zuerst durch Wegblasen mittels einer Glasröhre, dann dadurch, dass man das Deckglas mehrere Secunden lang mit der Präparatenseite nach unten über starke Ammoniaklösung hält.
4) Färben in wässerigen Lösungen von Anilinfarben.
5) Abspülen in Wasser, Trocknen, Kanadabalsam.

Actinomycespilz.

Wenn man Eiter auf Actinomyces zu untersuchen hat, so sucht man in demselben nach den charakteristischen weisslichen Körnchen. Wenn man solche gefunden hat, so zerquetscht man sie vorsichtig zwischen Objectträger und Deckglas und findet dann bei der mikroskopischen Untersuchung ohne Mühe die eigenthümlichen birnenförmigen Ausläufer oder Kolben.

Man kann natürlich auch Deckglastrockenpräparate herstellen und dieselben wie Schnitte färben.

Für die Untersuchung des Actinomyces in Schnitten sind eine ganze Anzahl von Methoden angegeben worden, die indes meist an dem Uebelstande leiden, dass sie nicht co n s t a n t gute Präparate geben, oft färben sich die verschiedenen Pilzrasen in ein und demselben Schnitte verschieden.

Sehr gute Präparate erhält man mitunter durch die Weigert'sche Bakterienfärbung mit vorhergehender Lithionkarminfärbung. Auch die Gram'sche Methode mit lang ausgedehnter Färbung giebt gute Resultate.

Weigert hat noch eine Färbung mit Orseille angegeben:
1) Färbung 1 Stunde lang in einer dunkelrothen Lösung von Orseille in

Alkohol absolut. 20,0
Acid. acetic. 5,0
Aqua destillat. 40,0.

2) Abspülen in Alkohol.
3) Färbung in 1%iger wässeriger Gentianaviolettlösung.
4) Auswaschen in Alkohol.
5) Kanadabalsam.

Die Kerne der Zellen werden dabei blauviolett, das Bindegewebe orange, die inneren Partien des Strahlenpilzes verwaschen blau, die Aussenpartien rubinroth.

Die käufliche Orseille muss man vor der Lösung einige Tage an der Luft stehen lassen, damit das Ammoniak verdampft.

Nach Israel kann man durch ein mehrstündiges Färben der Schnitte in einer concentrirten Lösung von Orcein in durch Essigsäure angesäuertem Wasser eine burgunderrothe Färbung der Actinomyceskolben erzielen.

Färbung von Baranski.
1) Färben der Deckgläschen oder Schnitte 2—3 Minuten lang in Pikrokarmin.
2) Kurzes Auswaschen in Wasser.
3) Trocknen resp. in Alkohol entwässern.
4) Kanadabalsam.

Das Gewebe erscheint roth, das Centrum des Strahlenpilzes gelb. Die Färbung der Kolben ist keine intensive.

Flormann empfiehlt das folgende Färbungsverfahren, welches im Wesentlichen der Kühne'schen Modification der Gram'schen Methode entspricht.
1) 5 Minuten langes Färben in:

concentrirter alkohol. Methylviolettlösung 1 Theil
Wasser 2 Theile.
1%ige wässerige Lösung von kohlensaurem Ammoniak 2 „
2) 10 Minuten langes Auswaschen in reichlichem Wasser.
3) Uebertragen in eine Jodjodkaliumlösung (1 : 2 : 300) für 5 Min.
4) Gründliches Auswaschen in Wasser.
5) Ausziehen der Farbe 20 Minuten lang in einmal zu wechselndem Fluorescinalkohol (1 : 50).
6) Auswaschen des Fluorescins in 95%igem Alkohol.
7) Uebertragen in Anilinöl für einige Minuten.
8) Lavendelöl.
9) Xylol; Kanadabalsam.

Der Pilzrasen erscheint dunkelblau und sehr schön differenzirt. Die Kolben zum Theil hellblau, zum Theil farblos.

ZWÖLFTES CAPITEL.

Untersuchung von Schimmel- und Sprosspilzen.

Zur Untersuchung der beim Menschen vorkommenden Fadenpilze werden die von den Pilzen durchwachsenen Gewebe in Wasser oder 0,6%iger Kochsalzlösung zerzupft; meist gelingt es auf diese Weise schon, sich die einzelnen Bestandtheile der Pilze zur Anschauung zu bringen. Sind die betreffenden Gewebe wenig durchsichtig, so kann man sie durch Anwendung einer 1—3%igen Kali- oder Natronlauge aufhellen. Glyzerin und Alkohol verursachen eine erhebliche Schrumpfung der Pilzfäden. Zur Härtung von Gewebstheilen, die mit Fadenpilzen durchwachsen sind, benutzt man gewöhnlich absoluten Alkohol, um ein postmortales Auswachsen möglichst bald und sicher zu verhindern. In Müller'scher Flüssigkeit ist dagegen die Schrumpfung geringer. Zur Färbung eignet sich am besten Vesuvin, doch verhalten sich die verschiedenen Species gegen die einzelnen Anilinfarben verschieden. Aspergillus‚ färbt sich mit Fuchsin, Methylviolett und Vesuvin.

Die Dermatophyten untersucht man nach Balzer so, dass man die mit demselben behafteten Haare, Schuppen etc. zuerst mit Alkohol und Aether entfettet. Danach werden sie einige Secunden mit wässeriger oder alkoholischer Lösung von Eosin oder in anderen Anilinfarben gefärbt, und dann nach Entwässerung in Alkohol in Kanadabalsam eingelegt. Will man die Präparate nicht conserviren, so untersucht man in 33%iger Kalilauge.

Die verschiedenen Hefearten, wie sie sich namentlich im Magen finden, färbt man am besten mit dünner Bismarckbraunlösung, da sie sich mit den übrigen Anilinfarben sehr leicht überfärben.

DREIZEHNTES CAPITEL.

Untersuchung der thierischen Parasiten.

Die Untersuchung der thierischen Parasiten bietet, sofern es sich nicht um eingehendere Untersuchung ihres Baues handelt, keine Schwierigkeiten. Viele, z. B. Acarus scabiei, Acarus folliculorum, Oxyuris vermicularis, Trichocephalus dispar, Anchylostomum duodenale, Trichina spiralis, Distoma hepaticum und lanceolatum können ohne weiteres in Wasser untersucht werden. Häufig ist es dabei von Vortheil, durch einen mässigen, mit dem Stiel einer Präparirnadel ausgeübten Druck auf das Deckgläschen das betreffende Thier platt zu drücken. Die Eier der Nematoden, Trematoden und Cestoden werden ebenfalls in Wasser untersucht.

Muskeltrichinen können in Zerzupfungspräparaten untersucht werden; ein sehr schnell zu bewerkstelligendes Verfahren besteht darin, dass man kleine Partikelchen Fleisch zwischen zwei Objectträgern zu einem durchsichtigen Brei zerquetscht und dann mit schwacher oder mittlerer Vergrösserung untersucht.

Man wählt zur Untersuchung namentlich Stücke vom Zwerchfell und von der Kiefermusculatur, und zwar vorzugsweise Stückchen aus den der Sehne benachbarten Theilen des Muskels.

Auch Schnittpräparate kann man auf Trichinen untersuchen. Man schneidet entweder direct oder nach vorheriger Celloidineinbettung auf dem Gefriermikrotom. Die Schnitte dürfen nicht zu dünn gemacht werden; dickere Schnitte kann man mit wässerigen Lösungen von Methylgrün (1 : 30) färben. Die Trichinenkapseln treten dann besser hervor. Eingekapselte und verkalkte Trichinen kann man durch Säurezusatz durchsichtig machen.

Die zarten Protozoen werden mit Vortheil mit fixirenden und färbenden Reagentien, wie Osmiumsäure, Chromsäure, Jod, Anilinfarben etc. behandelt.

Darminhalt mit Protozoen bringt man zunächst ohne Zusatz oder mit Kochsalzlösung vermischt unter das Mikroskop.

Coccidien färben sich in gehärteten Präparaten gut mit Gentianaviolett und Vesuvin.

Die Köpfe der Bandwürmer betrachtet man mit schwacher und mittelstarker Vergrösserung in Wasser oder Kochsalzlösung oder Glyzerin. Echinococcusscolices kann man mit einem Skalpell von der Wand der Blasen abschaben und in Wasser oder verdünntem Glyzerin untersuchen. Die spornförmigen Hacken sind oft noch in Zerzupfungspräparaten von abgestorbenen und verkalkten Echinokokken nachweisbar.

Den Scolex des Cysticercus cellulosae kann man sich durch Zerreissen der Blase frei machen. Danach wird er zur Untersuchung des Hackenkranzes und der Saugnäpfe unter dem Deckglase zerquetscht. Durch Compression eines frischen reifen Bandwurmgliedes zwischen zwei Objectträgern kann man sich auch die Verzweigung des mit Eiern gefüllten Uterus zur Anschauung bringen.

Durchschnitte durch die Wand einer Echinococcusblase, mit einem Rasirmesser oder auch nur mit einer Scheere ausgeführt und in Wasser untersucht, zeigen sehr deutlich die Schichtung der Cuticularmasse.

Zur Aufbewahrung und Härtung wird gewöhnlich Spiritus benutzt. In Müller'scher Flüssigkeit werden die Blasen leicht spröde. Wenn die einzelnen Theile bei Anlegung von Schnitten auseinanderfallen, so wendet man Celloidineinbettung an. Zur Färbung benutzt man kernfärbende Farben allein oder zusammen mit Eosin oder Karmin.

Die mikroskopischen Präparate können sowohl in Glyzerin wie in Kanadabalsam aufgehoben werden. Ersteres ist namentlich bei ungefärbten Präparaten zu empfehlen.

VIERZEHNTES CAPITEL.

Uebersicht über die Behandlung der einzelnen Gewebe und Organe zum Zwecke der mikroskopischen Untersuchung.

Untersuchung des Blutes.

Zur frischen Untersuchung des Blutes bringt man am besten ein ganz kleines Tröpfchen zunächst auf die Mitte des Deckglases und legt dieses dann vorsichtig auf den gereinigten Objectträger auf. Es ist immer darauf zu achten, dass man eine möglichst geringe Menge von Blut auf den Objectträger bringt, weil man die feineren Structuren der Blutkörperchen nur an ganz dünnen Schichten studiren kann. Oft ist es empfehlenswerth, die Entnahme des Blutes in der Art vorzunehmen, dass man ein Deckgläschen mit Wachs auf dem Objectträger befestigt, den Blutstropfen in den so entstehenden Capillarraum einfliessen lässt und diesen dann durch eine vollständige Wachsumrandung definitiv schliesst. In dieser Weise kann man auch Blut am Krankenbett entnehmen und die Untersuchung dann später zu passender Zeit anschliessen. Da sich die Blutkörperchen in destillirtem Wasser sowie in Säuren sehr rasch verändern und namentlich ihr Hämoglobin sehr rasch extrahirt wird, so muss man sog. indifferente Zusatzflüssigkeiten wählen; namentlich eignet sich dazu die 0,6%ige Kochsalzlösung.

Bei der Färbung von Blutpräparaten muss man ebenfalls darauf Rücksicht nehmen, dass das Hämoglobin durch die wässerigen Farblösungen extrahirt wird.

Man kann aber, wie EHRLICH gezeigt hat, das Hämoglobin seiner Löslichkeit und Quellungsfähigkeit berauben, wenn man das auf einem Deckgläschen ausgestrichene lufttrockne Präparat eine oder mehrere Stunden auf einem Kupferblech auf 120—150° erhitzt hält. Nach NIKIFOROFF erreicht man denselben Zweck noch bequemer, wenn man die lufttrocken gewordenen Deckglaspräparate 2 Stunden lang in eine Mischung von Alkohol und Aether zu gleichen Theilen bringt, dann abtrocknet und nun färbt.

Zur Entnahme des Blutes verfährt man so, dass man einen möglichst kleinen Bluttropfen direct auf ein Deckgläschen bringt, mit einem zweiten Deckgläschen überdeckt und dann dieselben nach erfolgter Ausbreitung des Tropfens vorsichtig auseinanderzieht. Dabei ist es nöthig, dass man die Deckgläschen nicht mit den Fingern, sondern mit Pincetten fasst, weil, wie EHRLICH angiebt, schon der Dunstkreis des manipulirenden Fingers genügt, um Blutkörperchen in erheblicher Weise zu modificiren.

Zur Untersuchung des Blutes ist es zunächst wichtig, die verschiedenen Arten der weissen Blutzellen zu kennen, die im Blute vorkommen; es finden sich darin nach EHRLICH:

1) Kleine Lymphocyten. Sie sind nur wenig kleiner als die rothen Blutkörperchen und besitzen einen grossen, intensiv färbbaren Kern, der die Hauptmasse der Zelle ausmacht, so dass nur ein ganz schmaler Protoplasmasaum um den Kern herum vorhanden ist.

2) Grosse Lymphocyten. Dieselben stellen ein weiteres Entwicklungsstadium der kleinen Lymphocyten dar, sie sind 2—3mal so

gross als rothe Blutkörperchen und besitzen ebenfalls einen grossen Kern, der aber, im Gegensatz zu den kleinen Lymphocyten, von einem deutlichen breiteren Protoplasmasaum umgeben ist. Der Kern ist etwas schwächer tingirbar als der der kleinen Lymphocyten. Die kleinen und grossen Lymphocyten machen im normalen Blut 25 % aller weissen Blutzellen aus.

3) Die mononucleären Elemente oder Uebergangsformen unterscheiden sich von den grossen Lymphocyten dadurch, dass ihr Kern nicht gleichmässig rund ist, sondern in der Mitte eine Einbuchtung zeigt.

4) Die polynucleären Leukocyten. Dieselben sind kleiner als die mononucleären Uebergangsformen, aber grösser als rothe Blutkörperchen. Sie besitzen entweder einen mehrfach gelappten Kern oder mehrere, intensiv färbbare Kerne. Sie machen etwa 70 % aller weissen Blutzellen des normalen Blutes aus und besitzen die Fähigkeit der Emigration.

5) Eosinophile Zellen. Der Kern färbt sich weniger dunkel als der der polynucleären Leukocyten. Die Körnungen, die im Protoplasma vorhanden sind (s. unten), färben sich mit Eosin intensiv roth.

Ehrlich hat nun des Weiteren nachgewiesen, dass die weissen Blutkörperchen in ihrem Protoplasma, ausserhalb des Kerns, Körnungen oder Granulationen enthalten, die ein ganz verschiedenes Verhalten gegenüber bestimmten Gruppen von Anilinfarben zeigen, und dass man nach diesem Verhalten fünf verschiedene Arten von Granulationen unterscheiden kann, die er als α-, β-, γ-, δ-, ε-Granulationen bezeichnet. Dass es sich hier übrigens um wirkliche chemische Verschiedenheiten handelt, geht daraus hervor, dass die verschiedenen Körnungen auch andere constante Differenzen erkennen lassen:

1) in ihrem Verhalten gegen Lösungsmittel: Wasser, Säuren, Alkohol, Glyzerin;
2) in ihrer Grösse, Form und Lichtbrechung;
3) in ihrem Verhalten gegen höhere Temperaturen;
4) in der Vertheilung der Körnung im Zellleib.

A) Wichtig sind nun zunächst die eosinophilen Zellen, d. h. solche, die durch saure Anilinfarben vor Allem durch Eosin eine intensive Färbung ihrer Granulationen erkennen lassen, = α-Körnung oder α-Granulationen.

Zur Färbung der eosinophilen Zellen verfährt man in folgender Weise:

1) Deckglaspräparat, mehrere Stunden auf 120° erhitzt.
2) Mehrere Stunden Färbung in der Ehrlich'schen sauren Hämatoxylin-Eosinlösung (s. p. 36).
3) Abwaschen in Wasser, Trocknen, Kanadabalsam.

Die Kerne der weissen Blutkörperchen, sowohl der Lymphocyten wie der polynucleären, sind dann ganz dunkel gefärbt, die Kerne der mononucleären bläulich-grau, die rothen Blutkörperchen sind kupferroth gefärbt, die eosinophilen Granulationen sind roth.

Man kann auch eine Färbung der nach obiger Methode behandelten Deckgläser vornehmen in:

Aurantia
Indulin
Eosin
$\quad\quad\quad \bar{a}\bar{a}$ 2,0
Glyzerin 30,0

Auswaschen in Wasser. Trocknen. Kanadabalsam.

Die Zellkerne sind blau, die eosinophilen Zellen roth, die rothen Blutkörperchen kupferroth.

Will man die eosinophilen Zellen allein darstellen, so färbt man mit einer einfachen Eosinlösung. Die Darstellung dieser eosinophilen Zellen ist von ganz besonderer Wichtigkeit, weil EHRLICH gezeigt hat, dass dieselben bei gewöhnlichen acuten Leukocytosen nicht vermehrt, dass sie dagegen bei der Leukämie sehr erheblich vermehrt sind. Im normalen Blute sind sie selten.

B) Basophile Granulationen, die sich mit den gewöhnlichen basischen Anilinfarben (bakterienfärbende: Methylenblau, Gentianaviolett, Fuchsin, Bismarckbraun etc.) färben. Es gehören unter diese Gruppe die γ-Granulationen und die δ-Granulationen. Die γ-Granulationen werden auch als Mastzellenkörung bezeichnet. Sie kommen im normalen menschlichen Blute nicht vor, wohl aber im leukämischen. Die δ-Granulationen, die ebenfalls mit basischen Anilinfarben tingirbar sind, finden sich in den mononucleären Uebergangsformen.

Die basophilen γ-Granulationen sind grobkörnig, die δ-Granulationen feiner.

C) Darstellung der neutrophilen Granulationen = ε-Granulationen.

Dieselben färben sich mit neutralen Anilinfarben, d. h. solchen, die durch Vermischung einer basischen mit einer sauren Anilinfarbe entstanden sind. Sie sind dichtgedrängt in den polynucleären Leukocyten vorhanden.

Darstellung.

1) Herstellung eines Deckglastrockenpräparates nach der Methode von EHRLICH.

2) Färbung mehrere Minuten in einer Mischung von:
gesättigte wässerige Orangelösung 125,0
Concentrirte wässerige Säurefuchsin-
lösung mit 20% Alkoholgehalt 125,0
werden gemischt, dann noch zugesetzt
Alkohol absolut. 75
gesättigte wässerige Methylgrünlösung 125.

Die Lösung ist erst nach längerem Stehen verwendbar. Da durch das Filtriren Veränderungen in der Zusammensetzung und ausserdem Bildung eines Niederschlags bewirkt werden würde, so verfährt man zur Färbung so, dass man mit einer Pipette aus der Mitte der Flüssigkeit etwas entnimmt und auf das Deckglas bringt.

3) Abwaschen in Wasser. Kanadabalsam.

Es erscheint dann das Hämoglobin orangegelb, die Kerne grünlich, die eosinophile Körnung tief dunkelgrau, die neutrophile Körnung intensiv violett.

Von besonderer Wichtigkeit ist nun, dass diese neutrophile Körnung = ε-Körnung den sog. polynucleären Leukocyten angehört, also denjenigen Formen, welche bei der Entzündung emigriren. Dieselben machen den Hauptbestandtheil der weissen Blutkörperchen im normalen Blut aus; der Eiter besteht der Hauptsache nach aus diesen Leukocyten mit neutrophilen Granulationen; bei der Leukämie sind dieselben nicht vermehrt.

Untersuchung des Blutes in Schnitten nach Biondi.

Zur Untersuchung des vorher fixirten Blutes in einer Art von Schnittpräparaten hat Biondi eine Methode angegeben, die sich auch für andere flüssige Gewebsbestandtheile eignet.

Einige Tropfen Blut werden in 5 ccm einer 2%igen Osmiumsäurelösung gebracht und in derselben durch Umschütteln vertheilt. Später senken sich die zelligen Elemente zu Boden. Nach 24 Stunden (nicht länger!) entnimmt man mit der Pipette 1—2 Tropfen der Osmiumsäurelösung und überträgt sie in 5 ccm Agar-Agar (Agar nach Biondi, zu beziehen von Herrn König, Berlin, Dorotheenstrasse 29), welches bei 35°—37° verflüssigt wird. In demselben wird das Blutosmiumsäuregemisch wieder durch Schütteln vertheilt, dann wird das Agar in Papierkästchen ausgegossen, wo es rasch erstarrt. Nun wird der Agarblock in 85%igem, mehrmals zu wechselndem Spiritus gehärtet und geschnitten. Färbungen lassen sich sehr gut anwenden, da selbst intensive Anilinfärbungen von dem Agar in Alkohol wieder abgegeben werden. Zum Aufhellen der Schnitte ist Xylol zu vermeiden. Die ätherischen Oele sowie Kreosot sind dagegen anwendbar.

Untersuchung der Blutplättchen.

Die Blutplättchen sind flache, ovale Scheiben, die in ihrer Grösse schwanken und ein Drittel der Grösse eines rothen Blutkörperchens erreichen können.

Bei ihrer Darstellung muss man berücksichtigen, dass sie auf den geringsten Reiz, auch den der Luft, sehr erhebliche Gestalts- und Formveränderungen eingehen.

Man verfährt deshalb so, dass man auf die eigene Haut oder auf die Haut des rasirten Warmblüters einen grossen Tropfen 1%iger Osmiumsäure bringt und durch diesen hindurch die Haut austicht. In dem Blut, welches sich dann, ohne mit der Luft in Berührung zu kommen, in der Osmiumsäure vertheilt, kann man die Blutplättchen gut untersuchen.

Statt der, namentlich von Eberth und Schimmelbusch empfohlenen Osmiumsäure kann man sich auch einer Lösung bedienen von

Methylviolett 0,01
0,6% Kochsalzlösung 50,0

Ein weiteres Mittel zur Veranschaulichung der Blutplättchen besteht in der sehr schnell vorgenommenen Erhitzung eines Trockenpräparates nach Ehrlich (s. p. 66).

Die Blutkörperchen färben sich in Trockenpräparaten mit concentrirten wässerigen Lösungen von Methylviolett, Anilingrün, Fuchsin diffus. Haben sie sich aber schon, was meistens geschieht, in einen centralen körnigen Theil und eine homogene periphere Partie differenzirt, so färbt sich das Centrum etwas intensiver.

Untersuchung und Nachweis von Fibrin.

Zur Untersuchung des Fibrins genügt sehr oft eine Doppelfärbung mit Hämatoxylin und Eosin an möglichst dünnen Schnitten. Auf diese Weise gelingt es z. B. ganz gut, das Fibrinnetz bei der fibrinösen

Pneumonie und innerhalb der diphtheritisch entzündeten Schleimhäute sichtbar zu machen.

Eine vorzügliche Methode zur Untersuchung und Färbung des Fibrins ist die von WEIGERT angegebene, die sich von der Bakterienfärbung desselben Autors (s. p. 53) nur in der Wahl der Entfärbungsflüssigkeit unterscheidet.

WEIGERT's che Fibrinfärbungsmethode.

1) Alkoholhärtung.
2) Färbung 5—15 Minuten lang in concentrirter Anilinwassergentianaviolettlösung.
3) Abspülen in 0,6‰ NaCl-Lösung.
4) Abtrocknen auf dem Spatel oder Objectträger mit Fliesspapier.
5) 2—3 Minuten auf dem Objectträger oder Spatel in Jodjodkalilösung 1:2:100.
6) Abtrocknen mit Fliesspapier.
7) Entfärben in
   Anilinöl 2 Thl.
   Xylol 1 „
8) Entfernen des Anilinöl-Xylols durch Xylol.
9) Kanadabalsam.

Auf diese Weise wird das Fibrin schön blau gefärbt, während alles andere, ausgenommen Bakterien, entfärbt wird. Nicht gefärbt werden namentlich auch Blutkörperchenreste, käsige Massen und Coagulationsnekrosen.

Eine schöne Doppelfärbung lässt sich erzielen, wenn man die Präparate mit Lithionkarmin (s. p. 31) vorfärbt.

Fremde Bestandtheile im Blut.

Zur Untersuchung des Blutes auf Pigment genügt eine einfache Vertheilung feinster Bluttröpfchen in einem Tropfen 0,6‰ Kochsalzlösung.

Ausserdem kann man Trockenpräparate ungefärbt, oder mit Anilinfarben gefärbt, herstellen.

Von Schizomyceten kommen im Blute des lebenden Menschen hauptsächlich Milzbrandbacillen und Recurrensspirillen vor. Auf Milzbrandbacillen untersucht man Deckglastrockenpräparate, die nach GRAM gefärbt sind, oder Blutstropfen frisch. Bei Thieren, die mit Milzbrand inficirt sind, kann man das Blut auch sehr gut im hängenden Tropfen untersuchen.

Will man auf andere Mikroorganismen, speciell auf Kokken, untersuchen, so muss man sich vor allem vor einer Verwechslung mit den basophilen γ- und δ-Granulationen (s. p. 68) hüten, die sich ebenso wie die Bakterien mit den basischen Anilinfarben tingiren. Die δ-Granulationen sind so fein, dass sie mit den bekannten Kokkenformen nicht verwechselt werden können. Die Körner der Mastzellengranulationen können dagegen den Kokken sehr ähnlich sein, sind aber gewöhnlich nicht so gleichmässig gross wie die letzteren.

Man kann sich die Bakterienfärbung von Bluttrockenpräparaten sehr erleichtern, wenn man dieselben 10 Secunden lang mit 1‰—5‰iger Essigsäure behandelt, danach gründlich auswäscht und nun färbt.

Auf diese Weise wird das Hämoglobin aus den rothen Blutkörperchen ausgezogen, und die Bakterien werden fast isolirt gefärbt.

Recurrensspirillen können während des Fieberanfalls im frischen Blut untersucht werden. Sie sind an ihrer lebhaften Eigenbewegung zu erkennen. In Trockenpräparaten Färbung mit Bismarckbraun in wässeriger oder in Glyzerinlösung oder mit LÖFFLER's Methylenblau. S. ausserdem pag. 62.

Zählung der Blutkörperchen.

Zur Zählung der Blutkörperchen bedarf es zunächst einer Verdünnung des Blutes. Man bedient sich dazu einer Pipette, welche in ihrer Mitte eine ampullenartige Erweiterung trägt. Diese Ampulle hat gerade den 100fachen Cubikinhalt von demjenigen Theil der Pipette, der unterhalb der Ampulle gelegen ist. Man verfährt nun so, dass man zunächst die Pipette bis an die Grenze der Ampulle mit Blut füllt und dann so viel von der Verdünnungsflüssigkeit nachzieht, dass die Ampulle gerade gefüllt wird. Auf diese Weise erreicht man eine 100fache Verdünnung. Es sind verschiedene Verdünnungsflüssigkeiten angegeben worden. Am leichtesten gelingt die Untersuchung mit der

Verdünnungsflüssigkeit von TOISON:

Methylviolett   0,025
Neutr. Glyzerin 30 ccm
Aqu. destillat. 80,0.

Dazu kommt eine Lösung von

Chlornatrium   1,0
Schwefelsaures Natr. 8,0
Aqu. destill.   80,0.

Dann wird filtrirt.

Nach 5—10 Minuten sind die weissen Blutkörperchen violett tingirt und unterscheiden sich alle gut von den grünlich gefärbten rothen Blutkörperchen.

Mit dem durch diese Flüssigkeit auf das 100fache verdünnten Blute füllt man nun den THOMA-ZEISS'schen Zählapparat (zu beziehen von K. Zeiss, Jena). Derselbe besteht aus einer 0,1 mm tiefen feuchten Kammer, deren Boden in 400 Quadrate eingetheilt ist, so dass die Flüssigkeitsschicht, die sich über einem solchen Quadrate befindet, $= \frac{1}{4000}$ ccm beträgt.

Es werden nun in möglichst vielen Quadraten die Blutkörperchen gezählt, und zwar nicht nur diejenigen, die sich im Quadratraum selbst befinden, sondern auch diejenigen, welche auf den Linien des Quadrats liegen. Zur Berechnung multiplicirt man dann den Cubikinhalt 4000 mit der Zahl der Verdünnung und mit der Zahl der gezählten Blutkörperchen und dividirt durch die Anzahl der gezählten Felder. Die Zahl, die man erhält, ergibt die Zahl der Blutkörperchen in einem Cubikmillimeter. In einer Formel ausgedrückt, ist die Berechnung folgende:

$$x = \frac{4000 \cdot v \cdot z}{n}$$

x = Zahl der Blutkörperchen in einem Cubikmillimeter unverdünnten Bluts, v = Verdünnung, in den meisten Fällen also = 100, z die Zahl der Blutkörperchen in den Quadraten. n = Anzahl der gezählten Felder.

Will man bloss die weissen Blutkörperchen zählen, so kann man nach dem Vorgang von THOMA das Blut im Verhältniss 1 : 10 mit Wasser

verdünnen, welches 0,3 % Essigsäureanhydrid enthält. Die rothen Blutkörperchen werden dann gelöst, und dadurch das Zählen der weissen
sehr erleichtert.

Untersuchung des Herzens und der Gefässe.

Der Zustand des Herzmuskels lässt sich sehr gut an frischen
Zupfpräparaten untersuchen, bei denen die Zerzupfung nur hinreichend fein ausgeführt werden muss. Zur Unterscheidung der trüben
Schwellung von der Verfettung bedient man sich der in Cap. 1
(p. 7 u. 8) angegebenen Reagentien, Essigsäure einerseits und andererseits 1 % Osmiumsäure.

Pigmentdegeneration des Herzmuskels erkennt man ebenfalls gut
an Zupfpräparaten.

Die Härtung geschieht vorzugsweise in MÜLLER'scher Flüssigkeit,
dann auch in Alkohol.

Schnittpräparate bettet man zweckmässig in Celloidin ein und färbt
mit Kernfärbemitteln. Die Karminfärbungen, Lithionkarmin und Boraxkarmin, verdienen namentlich dann den Vorzug, wenn es sich um Pigment
handelt. Pikrokarmin lässt die quergestreiften Muskelfasern sehr deutlich
hervortreten.

Endocarditische Efflorescenzen und Klappenvegetationen kann man
frisch auf Bakterien an Deckglastrockenpräparaten untersuchen, die man
so herstellt, dass man die Auflagerungsmassen direct auf Deckgläsern
abreibt, oder auch so, dass man sie in etwas sterilisirtem Wasser vermittels eines ausgeglühten Glasstabes verreibt und von der Flüssigkeit
auf Deckgläser aufstreicht.

Schnittpräparate sind in Celloidin einzubetten. Auch Paraffineinbettung kann angewandt werden.

Zur Färbung dient entweder die einfache Tinction mit Gentianaviolett und Auswaschen in Alkohol (cf. p. 53) oder die GRAM'sche Methode,
nach der sich die meisten in den endocarditischen Auflagerungen vorkommenden Bakterien, so namentlich der Streptococcus und Staphylococc.
pyogenes sowie der FRÄNKEL-WEICHSELBAUM'sche Pneumococcus färben.

Zur histologischen Untersuchung der endocarditischen Efflorescenzen
färbt man mit Alaunkarmin oder mit Hämatoxylin und Karmin resp.
Eosin; oft ist auch die WEIGERT'sche Fibrinfärbung (p. 70) am Platz.

Milz und Lymphdrüsen.

Als Härtungsmittel sind zu empfehlen in erster Linie MÜLLER'sche
Flüssigkeit, dann auch Sublimat. Zur Färbung dienen die Kernfärbemittel, daneben kommen aber auch die von EHRLICH für die Blutunter-
suchung angegebenen Färbungen (s. p. 67) in Betracht.

Um Milzpulpa ganz frisch zu untersuchen, empfiehlt EHRLICH sofort
nach dem Tode mit einem dicken Troikart durch die Haut durch in
die Milz einzustechen und den so erhaltenen Saft auf dem Deckglas
auszustreichen.

Seröse Häute.

Für dieselben kommen die Härtungen mit MÜLLER'scher Flüssigkeit
oder Alkohol und als Färbung die gewöhnlichen Kernfärbemittel zur Anwendung.

Seröse Trans- und Exsudate kann man, wenn sie zellreich sind, direct im frischen Präparat mit Zusatz von etwas Kochsalzlösung untersuchen. Sind sie dagegen zellarm, so lässt man sie sedimentiren, was sich namentlich auch dann empfiehlt, wenn man auf Tuberkelbacillen oder andere Bakterien untersuchen will.

Haut.

Die Haut wird in MÜLLER'scher Flüssigkeit oder in Alkohol gehärtet und passend in Celloidin eingebettet. Zur Färbung dient Alaunkarmin oder eine andere Kernfärbung.

Für die Darstellung der elastischen Fasern in der Haut hat UNNA folgende Vorschrift gegeben:

1) Härtung in absolutem Alkohol oder in FLEMMING'scher Lösung mit Nachhärtung in absolutem Alkohol.
2) Vorfärbung (eventuell) in Vesuvin.
3) Auswaschen.
4) Färbung 24 Stunden lang in:
   Fuchsin 0,5
   Aqu. destillat. } ana 25,0
   Alkohol
   Acid. nitric. (25 ⅔) 10,0.
5) 2—3 Secunden in 25 ⅔ Salpetersäure.
6) Entfärben in schwachem Essigwasser.
7) Rasche Entwässerung in absol. Alkohol, Cedernöl, Kanadabalsam.

HERXHEIMER hat zur Darstellung der elastischen Fasern in der Haut folgendes Verfahren angegeben:
1) Härtung in MÜLLER'scher Flüssigkeit.
2) Färbung 3—5 Minuten lang in:
   Hämatoxylin 1,0
   Alkohol abs. 20,0
   Wasser 20,0
   Kalt gesättigte Lithion carbonicum-Lösung 1,0.
3) Extraction 5—20 Secunden lang in officineller Lösung von Eisenchlorid.
4) Abspülen in Wasser.
5) Alkohol, Oel, Kanadabalsam.

Die elastischen Fasern werden blauschwarz bis tiefschwarz; das umgebende Gewebe hellblau bis bläulich. Die Kerne des Bindegewebes und Rundzellen erscheinen ebenfalls noch gefärbt. Nachfärbung mit Bismarckbraun ist möglich.

Die Methode gelingt nur bei Färbung einzelner Schnitte, nicht ganzer Stückchen. Härtung in absolutem Alkohol, in Pikrinsäure und in FLEMMING'schem Gemisch ist ebenfalls zulässig, MÜLLER'sche Flüssigkeit ist aber vorzuziehen, weil sich namentlich die Entfärbung leichter vollzieht.

Die Darstellung der epiphytischen Bakterien, die sich auf der Haut befinden, erfordert eine besondere Technik, insofern dieselben vor der Färbung entfettet werden müssen. Man kann dabei in verschiedener Weise verfahren.

1) Man wäscht die Hautschuppen in Aether und Alkohol aus, färbt sie dann in alkoholischer Eosinlösung und untersucht sie (eventuell auch ohne vorherige Färbung) in 33 ⅔ iger Kalilauge.

2) Man entfettet die Schüppchen oder die Haut in Alkohol und Aether, färbt sie in Anilinwasserfuchsin, wäscht sie in salzsaurem Alkohol aus, entwässert in Alkohol und untersucht in Kanadabalsam. Man kann auch eine Doppelfärbung mit Gentianaviolett anfügen.

3) Man tupft nach Bizzozero Deckgläser auf die zu untersuchende Stelle der Oberhaut, zieht dann die Deckgläser dreimal durch die Flamme und entfettet nun in Alkohol und Aether.

Alsdann wird mit einer Anilinfarbe gefärbt.

Schuppen untersucht man nach vorheriger Entfettung in folgender Weise:

a) Man bringt sie aus dem Alkohol in einen Tropfen 50$\frac{0}{0}$iger Essigsäure oder 10$\frac{0}{0}$iger Kalilauge; nachdem die Schüppchen aufgequollen sind, legt man ein Deckglas auf, und untersucht; noch empfehlenswerther ist es oft die Schüppchen auf dem Deckglas in Essigsäure aufquellen zu lassen, die Essigsäure zu verdampfen, und nun das Präparat wie im Deckglastrockenpräparat zu behandeln und mit Löffler'schem Methylenblau zu färben.

b) Man kann die Schüppchen auch in Glycerin untersuchen, welches durch Methylenblau gefärbt ist. Die Bakterien nehmen eine blaue Farbe an.

Schleimhäute.

Härtung in Müller'scher Flüssigkeit; wenn es auf die Untersuchung des Epithels ankommt, so muss man das Material möglichst frisch in die Härtungsflüssigkeit bringen und vor dem Schneiden in Celloidin einbetten. Celloidineinbettung ist auch nöthig, wenn man Auflagerungen, mit denen die Schleimhaut bedeckt ist, untersuchen will.

Färbung mit den gewöhnlichen Kernfärbungsmitteln, Doppelfärbung mit Hämatoxylin und Eosin.

Darm.

Zur Härtung dient hauptsächlich Müller'sche Flüssigkeit, dann auch Sublimat und nach der Empfehlung von Heidenhain Pikrinsäure. Auch bei der Magen- und Darmschleimhaut kommt es für feine Untersuchungen darauf an, dass man die zu untersuchenden Stücke möglichst bald in die Conservirungsflüssigkeit bringt. Beim Magen kann man dieser Forderung dadurch gerecht werden, dass man denselben bald nach dem Tode durch ein Gummirohr mit Müller'scher Flüssigkeit füllt.

Zur Anfertigung von Schnittpräparaten ist immer Celloidineinbettung zu empfehlen.

Als Färbemittel dienen die gewöhnlichen Kernfärbungen, auch Doppelfärbung mit Hämatoxylin und Eosin. Für manche Verhältnisse eignet sich sehr gut die von Heidenhain empfohlene Färbung mit der Bioxdi-Ehrlich'schen Flüssigkeit (s. p. 34).

Zur frischen Untersuchung des Magen- und Darminhalts ist es meist geboten, denselben in hinreichender Verdünnung unter das Mikroskop zu bringen. Man verfährt so, dass man mit einer feinen Platinöse eine minimale Menge von Darminhalt in einem Tropfen Wasser oder Kochsalzlösung auf dem Objectträger vertheilt.

Wenn der Magen- oder Darminhalt Blut beigemengt erhält, so sind oft in der schwarzen Masse wenigstens noch einzelne rothe Blutkörper-

chen zu erkennen, welche die Diagnose sichern. Andernfalls muss man
die Häminprobe anstellen (s. p. 88). Zum Nachweis sonstiger zelliger Bestandtheile, Speisereste etc. bedarf es keiner besonderen Kunstgriffe. Amylumkörner werden durch
die Jodreaction nachgewiesen (cf. p. 43). Zur Untersuchung auf Bakterien stellt man Deckglastrockenpräparate her. Als Färbemittel eignet
sich für den Mageninhalt Vesuvin, welches die Sarcine und die verschiedenen Hefearten am deutlichsten färbt, für den Darminhalt die gebräuchlichen Lösungen von Anilinfarben. Auch bei der Untersuchung
auf Bakterien muss der Darminhalt stark mit sterilisirtem Wasser verdünnt werden.

Zu bemerken ist, dass im Darminhalt eine Reihe von Bakterien
vorkommen, die sich mit Jodjodkaliumlösung blau färben. Will man den Darminhalt auf Cholerabakterien untersuchen, so
kann man direct Deckglastrockenpräparate färben. Besser aber ist das
von Schottelius empfohlene Verfahren, den Darminhalt mit der
gleichen Menge alkalischer Bouillon zu verdünnen und offen stehen
zu lassen. Die Cholerabacillen entwickeln sich hauptsächlich an der
Oberfläche, so dass Präparate, die von da entnommen sind, immer
reichlich Kommabacillen enthalten.

Leber und Pankreas.

Leber und Pankreas werden am besten in Müller'scher Flüssigkeit
gehärtet. Zum Nachweis degenerativer Veränderungen untersucht
man die Leberzellen frisch in Abstrichpräparaten und setzt Essigsäure
oder Osmiumsäure zu.

Zur Härtung wählt man, wenn es auf die Untersuchung degenerativer Veränderungen ankommt, Flemming'sche Lösung (cf. p. 38 u. 42).
In Müller'scher Flüssigkeit gehärtete Präparate werden mit Alaunkarmin oder Hämatoxylin gefärbt; eventuell Doppelfärbungen mit Hämatoxylin und Eosin.

Tumoren bettet man am besten in Celloidin ein, da ihr Gewebe
oft sehr leicht im Schnittpräparat ausfällt.

Harnapparat.

Härtung wie bei Leber und Pankreas; auch Sublimat giebt manchmal
gute Härtung. Wenn man eiweisshaltige Flüssigkeit innerhalb der Glomeruluskapseln und Harnkanälchen fixiren will, so wendet man die Kochmethode an, indem man nicht zu grosse Stückchen für 1—2 Minuten
in kochendes Wasser wirft und in starkem Spiritus nachhärtet. Denselben Zweck erreicht man durch Härtung in absolutem Alkohol und
Celloidineinbettung. Zur Untersuchung auf degenerative Veränderungen
kommen dieselben Methoden in Anwendung wie bei Leber und Pankreas;
für alle feineren Untersuchungen ist Einbettung in Celloidin unerlässlich, weil sonst immer ein Theil des functionirenden Parenchyms,
namentlich in pathologisch veränderten Nieren, ausfällt. Färbung mit
den kernfärbenden Mitteln.

Die mikroskopische Untersuchung des Harnes nimmt
man in der Weise vor, dass man denselben sedimentiren lässt und das Sediment, welches mit der Pipette entnommen wird, frisch auf dem Objectträger oder als Deckglastrockenpräparat untersucht. Letzteres nament-

lich dann, wenn die Untersuchung auf die Gegenwart von Bakterien gerichtet ist.

Tuberkelbacillen sind bei Tuberculose des Harnapparates meist nur spärlich im Harn vorhanden. Man lässt deshalb am besten möglichst vollständig, 24 Stunden lang, sedimentiren und färbt gleich vonlvornherein eine grössere Anzahl von Deckglastrockenpräparaten, etwa 6—10 und mehr, nach den bekannten Methoden. Auch hier ist die Methode von GABBET (cf. p. 61) wegen ihrer Einfachheit und Sicherheit in erster Linie zu empfehlen. Daneben kann aber in zweifelhaften und wichtigen Fällen 24-stündiges Färben in Anilinwasserfuchsin bei Brütofentemperatur etc. von Nutzen sein.

Zur Untersuchung des Harns auf zellige Bestandtheile ist es oft rathsam, das Sediment mit Wasser oder Kochsalzlösung zu verdünnen; Essigsäurezusatz lässt die Zellen schärfer hervortreten; ebenso kann man sich dieselben deutlicher zur Anschauung bringen, wenn man vom Rande des Deckglases einige Tropfen LÖFFLER'scher Methylenblaulösung zufliessen lässt.

Will man Präparate conserviren, so stellt man sie als Deckglastrockenpräparate her, und färbt ebenfalls mit LÖFFLER'schem Methylenblau oder mit Bismarckbraun.

Die Untersuchung auf Harncylinder wird sehr erleichtert, wenn man das Sediment in ganz dünner Jodjodkaliumlösung, die eine weingelbe Farbe hat, suspendirt.

Blut im Harn lässt sich meist mikroskopisch direct nachweisen, weil einzelne Blutkörperchen wenigstens so weit erhalten sind, dass sie eine Diagnose gestatten; ausserdem kann man in zweifelhaften Fällen dann noch die Häminprobe (cf. p. 88) anstellen.

Auf krystallinische Beimengungen untersucht man das Sediment im frischen Präparat.

Das saure harnsaure Natron, welches in grösserer Menge das sog. Ziegelsediment bildet, ist amorph.

Reine Harnsäure erscheint hauptsächlich in Wetzsteinform oder in rhombischen Tafeln oder in langen spitzen Formen.

Harnsaures Ammoniak kommt bei Zersetzung des Harnes vor und bildet stechapfelförmige Krystalle.

Phosphorsaure Ammoniakmagnesia = Tripelphosphat erscheint in Sargdeckelform.

Oxalsaurer Kalk bildet briefcouvertförmige Krystalle.

Kohlensaurer Kalk bildet Kugel- und Bisquitformen.

Bilirubin kommt amorph oder in gelblichen rhombischen Täfelchen vor.

Cystin bildet regelmässige sechseckige Tafeln, Tyrosin bildet Nadeln in Büschelform, Leucin kommt in Form von Kugeln vor.

Untersuchung des Respirationsapparates und des Sputums.

Härtung in MÜLLER'scher Flüssigkeit ist vorzuziehen. Alkoholhärtung dann, wenn man auf Fibrin oder auf Bakterien untersuchen will. Zur Schnellhärtung eignet sich Gummiglyzerin (p. 11). Zur Fixirung von entzündlicher Oedemflüssigkeit Kochen (p. 12) und nachfolgende Härtung in starkem Spiritus. In allen Fällen, wo es sich um einen abnormen Inhalt in den Lungenalveolen handelt, ist die Celloidineinbettung angezeigt.

Färbung mit den gewöhnlichen kernfärbenden Mitteln; ausserdem kommen die specifischen Bakterienfärbungen und die WEIGERT'sche Fibrinfärbung (s. p. 70) in Betracht.

Das **Sputum** kann man unverdünnt oder mit Kochsalzlösung verdünnt frisch untersuchen; meist ist jedoch eine Verdünnung nicht nothwendig. Bei der Untersuchung des Sputums muss man vor allen Dingen berücksichtigen, dass dasselbe zellige Beimengungen aus der Mund- und Rachenhöhle enthält und dass ihm namentlich auch Speisereste beigemischt sein können.

Ausser Speichelkörperchen, Plattenepithelien der Mundhöhle, Rundzellen und Schleimzellen finden sich im Sputum oft auch grosse Zellen, die Epithelien ähnlich sind, aber eine mehr runde Form besitzen als diese. Sie haben einen grossen bläschenförmigen Kern und sind wohl nicht in allen Fällen als desquamirte Alveolarepithelien aufzufassen. Sie enthalten oft Pigment. Sie kommen auch bei einfacher Bronchitis vor.

Pigment resp. Pigmentkörnchenzellen im Sputum können von Hämorrhagien herrühren, namentlich bei Stauungen im kleinen Kreislauf, die durch Insufficienz der Mitralis bedingt sind; es finden sich dann neben dem Pigment oft noch rothe Blutkörperchen vor.

In den bei weitem meisten Fällen handelt es sich aber um Pigmentarten, welche mit der Athmungsluft in die Lungen eingedrungen sind. Diese letzteren Pigmentarten geben — vorausgesetzt, dass es sich nicht um Siderosis handelt — keine Eisenreaction mit Ferrocyankalium und Salzsäure (p. 45). Ausserdem sind sie meist mehr schwarz gefärbt, während das Blutpigment einen braunrothen Farbenton zeigt. Doch ist der Farbenunterschied allein nicht massgebend.

Fibrinausgüsse der Bronchien sind schon makroskopisch an ihrer eigenthümlichen Form zu erkennen.

Die sog. Asthmakrystalle stellen lange, sehr spitze Octaeder dar.

Die CURSCHMANN'schen Spiralen sind bandförmige, spiralig gewundene Gebilde, die in ihrem Centrum einen helleren Faden zeigen. Fettsäure-Krystalle finden sich bei putrider Bronchitis, bei Lungengangrän, Lungenabscess, auch bei Cavernenbildung.

In jedem Sputum finden sich Mikroorganismen der verschiedensten Art.

Sowohl die Tuberkelbacillen wie die elastischen Fasern finden sich vorzugsweise in kleinen, pfropfartigen Bröckeln des Sputums, auf die man daher bei der Untersuchung vorzugsweise sein Augenmerk zu richten hat, wenn es sich um den Nachweis von Tuberkelbacillen oder von elastischen Fasern handelt. Zur Untersuchung auf Bakterien kommt die Deckglastrockenmethode zur Anwendung. Auf elastische Fasern untersucht man entweder in der Weise, dass man zu dem frischen Sputumpräparat 1⅓ige Kalilauge zutreten lässt, oder so, dass man das Sputum mit 10%iger Kalilauge kocht, dann sedimentiren lässt und nach 12—24 Stunden das Sediment untersucht.

Untersuchung des Centralnervensystems.

Für die Conservirung und Härtung von Stücken aus dem Centralnervensystem kommt fast ausschliesslich MÜLLER'sche Flüssigkeit in Betracht. Beim Rückenmark dauert die Härtung, wenn sie eine vollkommene sein soll, 3—4 Monate, beim Gehirn 4 Monate bis 1 Jahr. Man kann durch Einstellen in den Brütschrank die Härtungszeit erheb-

lich abkürzen. Die Aufbewahrung in Müller'scher Flüssigkeit kann
auf mehrere Jahre ausgedehnt werden, namentlich wenn dieselbe, nachdem die Härtung vollendet ist, mit Wasser auf die Hälfte verdünnt
wird. Nachher können die Stücke auch noch eine Zeit lang direct in
Spiritus oder in Celloidin eingebettet, aufbewahrt werden. Die Stücke
sollen möglichst frisch in die Conservirungsflüssigkeit kommen.

Manchmal empfiehlt es sich, die Härtung im Anfang nicht in der
Müller'schen Flüssigkeit von gewöhnlicher Concentration, sondern in
einer Lösung, die nur 1 $\frac{o}{o}$ doppelt chroms. Kali enthält, vorzunehmen.
Die Härtung in der Flemming'schen Lösung (p. 38 u. 42)
ist sehr empfehlenswerth, wenn es sich um die Untersuchung degenerativer Veränderungen im Nervengewebe handelt.

Zerzupfungspräparate von der Leiche frisch entnommenen
Stücken des Centralnervensystems lassen sich nur schwer und unvoll-
kommen herstellen. Nach 3—8-tägigem Verweilen in Müller'scher
Flüssigkeit gelingt die Zerzupfung leichter.

Für das Centralnervensystem stehen uns eine ganze Reihe von Färbungsverfahren zur Verfügung, die entweder einfache Kernfärbungen oder
Färbungen der Achsencylinder oder Färbungen der Markscheiden sind.

I. In vielen Fällen genügen die einfachen Kernfärbungsmittel;
namentlich sind dieselben geeignet zur Aufsuchung von Entzündungsherden.

II. Die Färbung mit neutralem Karmin giebt sehr gute
Resultate. Am besten gelingen die Schnitte, wenn man sie in einer dünnen
Lösung recht lange, bis 24 Stunden, liegen lässt und dann gründlich auswäscht. Das neutrale Karmin färbt die Achsencylinder und das Zwischengewebe. Degenerirte Partien erscheinen intensiver roth gefärbt.
Die Zeit die zum Gelingen der Färbung nothwendig ist, ist sehr
verschieden, je nach dem Alter der Präparate, der Härtung etc. Man
kann die Färbung beschleunigen und auch intensiver machen, wenn man
die Schnitte in eine Chlorpalladiumlösung (0,01 : 50) 10 Minuten lang
legt, und dann direct in die Karminlösung bringt. Auch Erwärmen beschleunigt die Färbung; in allen Fällen, wo es die Zeit zulässt, ist aber
eine lange Färbung in dünner Lösung am meisten zu empfehlen.
Auch die Ganglienzellen färben sich mit neutralem Karmin, und
zwar am besten, wenn man die Schnitte 24 Stunden lang in einer
hellrosa gefärbten Lösung liegen lässt.

III. Sehr gute Resultate giebt die Färbung mit Boraxkarmin
und nachfolgender Behandlung in salzsaurem Spiritus (s. p. 32). Man
lässt aber die Schnitte länger — bestimmte Zeitangaben lassen sich nicht
machen — in der Farblösung, von $\frac{1}{4}$ Stunde bis mehrere Stunden. Dann
färben sich die Achsencylinder, das Zwischengewebe, die Kerne der
Ganglienzellen und sonstige kernhaltige Gebilde.
Aehnliche Resultate erzielt man mit Lithionkarmin, welches in derselben Weise angewendet wird.

IV. Cochenillealaunlösung von Czokor.

$$
\begin{array}{ll}
\text{Cochenille} & 1,0 \\
\text{Alaun} & 1,0 \\
\text{Aqua} & 100,0
\end{array}
$$

Erwärmt und bis auf die Hälfte des Volums eingekocht.

Färbung 24 Stunden lang.

Auswaschen in Wasser.

Die Kerne haben einen violetten, die Achsencylinder einen mehr
rothen Farbenton.

V. Eine isolirte Färbung der Achsencylinder erreicht man durch die Freud'sche Goldfärbung.

1) Härtung in Müller'scher Flüssigkeit.
2) Färbung 3—5 Stunden lang in einer Lösung von
1%iger Goldchloridlösung } zu gleichen Theilen.
95%igem Alkohol
3) Abwaschen in Wasser.
4) 2—3 Minuten in
   Natronlauge   1,0
   Aqu. destillata 6,0.
5) Abwaschen in Wasser.
6) 5—15 Minuten in 10% Jodkaliumlösung.
7) Abwaschen, Alkohol, Kanadabalsam.

Die Freud'sche Goldfärbung gelingt nicht immer gut. Die Nervenfasern erscheinen dunkelblau bis dunkelroth. Oft färbt sich auch ein Theil der Markscheiden mit. Die Manipulationen müssen mit Glasnadeln vorgenommen werden.

Es giebt eine grosse Reihe von Modificationen der Goldmethode. Cohnheim, der die Methode zuerst bei Darstellung der Nerven der Hornhaut anwendete, brachte die Schnitte in eine 0,5%ige Goldchloridlösung und dann für einige Tage in mit Essigsäure angesäuertes Wasser. Die später empfohlenen zahlreichen Modificationen bestehen darin:

a) dass man viel stärker verdünnte Lösungen anwendet, und in diesen dann die Schnitte entsprechend länger belässt;
b) dass man statt des Goldchlorids Goldchloridkalium oder Goldchloridnatrium anwendet;
c) dass man die Goldchloridlösung erneuert;
d) dass man zur Herbeiführung der Reduction an Stelle der Essigsäure Salzsäure, Ameisensäure oder Weinsäure wählt.

Am besten gelingt die Goldmethode an frischem, noch nicht gehärtetem Material.

VI. Nigrosinfärbung der Achsencylinder.

1) Färben der Schnitte 5—10 Minuten lang in einer conc. wässerigen Nigrosinlösung.
2) Entfärben, erst in verdünntem, dann in absolutem Alkohol.
3) Origanumöl, Kanadabalsam.

Die Nigrosinfärbung ist bequem wegen ihrer Einfachheit und giebt gute Uebersichtsbilder, namentlich bei Degenerationsherden.

Unter den Färbungen die eine Tinction der Markscheiden bewirken, steht obenan

VII. die Weigert'sche Hämatoxylinfärbung.

1) Härtung in Müller'scher Flüssigkeit.
2) Nachhärtung in Alkohol, ohne vorhergehendes Abwaschen mit Wasser.
3) Celloidineinbettung.
4) Der Celloidinblock mit dem Präparat 24—48 Stunden lang in eine zur Hälfte mit Wasser versetzte gesättigte Lösung von Cuprum aceticum.
5) 24 Stunden in 70%igen Alkohol.
6) Färben 15—20 Minuten — 24 Stunden in einer Lösung von
   Hämatoxylin   1,0
   Alkohol absolut.   10,0
   Sol. Lith. carbonic. ges. 1 ccm.
   Aqu. destillata   90,0

7) Abspülen in reichlichen Mengen von Wasser.
8) Theilweise Entfärbung in einer Lösung von

Natr. biborac.   4,0
Kal. ferridcyanic.   5,0
Aqu. destillat.   200,0

Die Zeit der Entfärbung unbestimmt, bis die graue Substanz deutlich
gelb erscheint.

9) Abspülen in Wasser.
10) Entwässern in absolutem Alkohol.
11) Aufhellen in Xylol oder Origanumöl.
12) Einlegen in Xylolkanadabalsam.

Die in MÜLLER'scher Flüssigkeit gehärteten Stücke müssen noch
braun sein, sie dürfen nicht schon im Alkohol grün geworden sein.
Sonst überträgt man sie für einige Minuten oder auch für längere Zeit
in eine ½%ige Chromsäurelösung, spült sie dann nur ganz oberflächlich
ab und bringt sie sofort in die Farbe.

Die WEIGERT'sche Methode giebt sehr klare Bilder, die Markscheiden erscheinen tief blauschwarz gefärbt; degenerirte Partien erscheinen hell, und zwar um so mehr, je mehr Nervenfasern unterge-
gangen sind. Reste von Marksubstanz, die von zerstörten Nervenfasern
übrig geblieben sind, nehmen die Färbung oft auch noch an.

Die Dauer der Färbung in Hämatoxylin ist eine sehr schwankende.
Rückenmarksgewebsschnitte färben sich oft schon in 15 — 30 Minuten.
Stücke der Hirnrinde gebrauchen bis zu 24 Stunden, wobei es oft auch
gerathen ist, die Färbeflüssigkeit wenigstens einen Theil der Zeit im Brütofen zu belassen. Wenn man die Schnitte zu früh aus der Farblösung
nimmt, so färbt sich nur ein Theil der Fasern, und es können dadurch
sehr schwere Täuschungen entstehen.

Manchmal ist es von Nutzen, die Entfärbung langsamer vorzunehmen,
indem man die Blutlaugensalzlösung bis auf ¼ oder sogar ¼ verdünnt.
Wenn man die Präparate in Origanumöl aufhellt, so darf man sie darin
nicht länger als nöthig lassen, weil sonst eine Entfärbung eintritt.

Will man ein Stück auch noch nach anderen Methoden färben, so
schneidet man einen Theil, bevor man den Celloidinblock in die
Kupferlösung bringt; man kann aber auch statt des ganzen Stücks erst
die einzelnen Schnitte mit der Kupferlösung behandeln.

Eine sehr brauchbare Modification der WEIGERT'schen Färbungsmethode ist

VIII. die Färbung von PAL.

1) Härtung in MÜLLER'scher Flüssigkeit.
2) Färben in der WEIGERT'schen Hämatoxylinlösung, 24 — 48
Stunden lang, eventuell 1 Stunde bei Brütofentemperatur.
3) Auswaschen in Wasser, dem 1—2% Lithion carbonicumlösung
zugesetzt ist; die Schnitte müssen tief blau gefärbt sein.
4) Uebertragen der Schnitte in eine 0,25%ige Lösung von überman-
gansaurem Kali; 20—30 Secunden lang, bis die ganze Substanz
gelb aussieht.
5) Uebertragen in eine Lösung von

reiner Oxalsäure   1,0
Kalium sulphurosum   1,0
destillirtes Wasser   200,0

für wenige Secunden.

6) Gründliches Auswaschen in Wasser.

7) Alkohol, Xylol, Kanadabalsam.

Die Methode hat den Vortheil, dass die einzelnen Proceduren viel schneller vorgenommen werden können; sie giebt sehr scharfe Bilder und eignet sich, weil alles zwischen den Nervenfasern liegende Gewebe vollständig entfärbt wird, gut zu Doppelfärbungen.

Man färbt am besten mit Pikrokarmin oder Boraxkarmin nach.

IX. Färbung des Centralnervensystems nach Kulschitzky.

1) Härtung in Müller'scher oder besser noch in Erlicki'scher Flüssigkeit.

2) Färbung, 18—24 Stunden, in einer vor dem jedesmaligen Gebrauch ganz leicht angesäuerten Lösung von

Hämatoxylin (mit Alkohol absolut. q. s. gelöst) 1,0
gesättigte Borsäurelösung 20,0
destillirtes Wasser 80,0

3) Auswaschen in Alkohol.

Die Farblösung von Kulschitzky ist anfangs gelb gefärbt, nach 2—3 Wochen wird sie gesättigt roth und ist dann brauchbar. Vor der jedesmaligen Anwendung setzt man zu einer Uhrschale voll der Lösung einige Tropfen Essigsäure.

Es werden ausschliesslich die markhaltigen Nervenfasern intensiv blau gefärbt, alles Uebrige bleibt farblos oder bekommt eine schwach gelbliche Farbe. Die Färbung wird besonders hübsch, wenn man die Schnitte 24 Stunden in Natron oder Lithion carbonicum verweilen lässt.

X. Methode von Exner zur Darstellung markhaltiger Nervenfasern.

Die Stückchen müssen möglichst frisch der Leiche entnommen sein, doch gelingt die Methode auch noch nach 12 Stunden. Es werden aus dem Gehirn oder Rückenmark Stückchen, die nicht über ½ cm dick sein dürfen, ausgeschnitten und sofort in eine 1⅔ ige Osmiumsäurelösung übertragen, welche mindestens an Volum das 10fache von dem zu färbenden Stückchen betragen muss. Nach 2 Tagen wird die Osmiumsäure erneuert. Am 5. oder 6. Tage werden die Stückchen in Wasser abgewaschen und entweder direct, nachdem sie auf Kork geklebt sind, oder nach vorheriger Einbettung geschnitten. Die einzelnen Schnitte kommen sofort in Glyzerin; auf dem Objectträger wird dem Glyzerin 1 Tropfen Ammoniakwasser (Liquor Ammon. caust. 1 : 50 Aqua) zugesetzt.

Die markhaltigen Nervenfasern erscheinen nach der Methode von Exner grau bis schwarz, die Präparate sind aber nicht haltbar.

XI. Methode von Adamkiewicz.

Adamkiewicz hat auf die Eigenschaft des Saffraniu aufmerksam gemacht, die Markscheiden der Nervenfasern roth, die Kerne der Nerven- und Gliazellen sowie die der Gefässzellen dagegen violett zu färben. Die Markscheide der Nervenfasern nimmt aber diese Färbung nicht mehr an, sobald die Nervenfaser erkrankt ist, auch schon nicht mehr im allerersten Stadium der Erkrankung. Die Methode ist folgende:

1) Härtung in Chromsalzen.

2) Die Schnitte werden für kurze Zeit in Wasser übertragen, wel-

ches durch Zusatz einiger Tropfen Salpetersäure eine schwach
saure Reaction angenommen hat.
3) Färbung in wässeriger tiefburgunderrother Lösung von Saffranin
No. O. Es tritt nicht leicht Ueberfärbung ein.
4) Abwaschen in gewöhnlichem Alkohol.
5) Uebertragen in durch Salpetersäure schwach angesäuerten absoluten Alkohol.
6) Aufhellen in Nelkenöl so lange, bis kein röthlicher Farbstoff
mehr abgeht.
7) Einschluss in Kanadabalsam.

Dem oben Gesagten zu Folge färbt sich das Nervenmark gelbroth
oder roth, die Bindegewebskerne werden blauviolett.

Die Resultate der Färbung sind aber durchaus keine so constanten
und guten, wie A. angiebt; eine Verbesserung und Modification bietet das
Verfahren von NIKIFOROFF.
1) Härtung in Chromsalzen.
2) Directe Nachhärtung in Spiritus, ohne vorheriges Auswaschen in
Wasser.
3) Die einzelnen Schnitte kommen direct in Alkohol.
4) Färbung, 24 Stunden lang, in concentrirter wässeriger Saffraninlösung oder in Anilinwassersaffranin oder in Carbolwasser ($5\frac{0}{0}$)—
Saffranin.
5) Vorsichtiges Auswaschen in Alkohol durch Hin- und Herbewegen
bis die graue Substanz beginnt sich durch ihre hellere Färbung
von der Marksubstanz abzuheben.
6) Uebertragen in Chlorgoldlösung 1 : 500 so lange, bis die graue
Substanz einen Stich ins Violette bekommt.
7) Sorgfältiges Auswaschen in Wasser.
8) Uebertragen in Alkohol absol. so lange, bis die graue Substanz
durch ihre reinviolette Farbe sich von der rothen Marksubstanz
deutlich abhebt.
9) Kurze Zeit in Nelkenöl.
10) Xylol.
11) Kanadabalsam.

XII. Silbermethode zur Darstellung der Ganglienzellen
und ihrer Ausläufer nach GOLGI.

Die in MÜLLER'scher Flüssigkeit gehärteten Stücke, welche nur
klein sein dürfen, kommen direct aus der Härtungsflüssigkeit in eine
0,75%ige Argentum nitricum-Lösung, welche nach $\frac{1}{2}$ Stunde gewechselt
wird. In der erneuerten Lösung kann das Stück beliebig lange bleiben.
Nach 5—6 Tagen kann es, nachdem es oberflächlich abgetrocknet ist,
erst in verdünnten, dann in absoluten Alkohol gebracht und dann
geschnitten werden.
Alkohol — Nelkenöl — Kanadabalsam.
Die Ganglienzellen und ihre Ausläufer erscheinen schwarz imprägnirt;
ebenso die Bindegewebszellen. Die Methode ist sehr unsicher, sie färbt
fast nie alle Ganglienzellen. Eine Verbesserung stellt die Sublimatmethode desselben Autors dar.

XIII. Sublimatmethode zur Darstellung der Ganglienzellen und ihrer Ausläufer nach GOLGI.

Die in MÜLLER'scher Flüssigkeit gehärteten Stückchen, welche nicht
dicker als 0,5 cm sein sollen, kommen in eine 0,25%ige wässerige

Sublimatlösung, die so oft erneuert wird, als sie sich noch gelb färbt.
Nach 8—10 Tagen sind kleine Stückchen schon brauchbar und können geschnitten werden; doch tritt die Reactiou um so besser ein, je länger man die Stücke in der Lösung belässt.

Die Schnitte müssen sehr gut ausgewaschen werden.
Dann: Alkohol — Oel — Kanadabalsam.
Auch hier sehen die Ganglienzellen und ihre Ausläufer schwarz aus. Die Methode ist ebenfalls unsicher.

Eine Verbesserung von PAL besteht darin, dass man die Schnitte mit einer Lösung von Natriumsulphid (Na_2S) einige Minuten lang nachbehandelt.

XIV. Modification der GOLGI'schen Sublimatmethode
von FLECHSIG:

Um den Zusammenhang der Ganglienzellenausläufer mit dem in der grauen Substanz vorhandenen Faserfilz, namentlich auch mit dessen markhaltigen Elementen darzustellen, hat FLECHSIG die folgende Methode angegeben. Zu bemerken ist dabei, dass das nach dieser Methode zuerst untersuchte Gehirn nach der Härtung in MÜLLER'scher Flüssigkeit 1 Jahr lang in 1 %iger Sublimatlösung gelegen hatte.
1) Erhärtung in 2 %iger wässeriger Lösung von chromsaurem Kali.
2) Imprägnation mit Sublimat.
3) Schneiden. Die einzelnen Schnitte werden in 96 %igen Alkohol übertragen.
4) Färben 3—8 Tage lang, bei 35⁰ C, in einer Lösung von:
reinem Extract von japan. Rothholz 1 g
absoluter Alkohol 10 „
destillirtes Wasser 900 „
gesättigte Lösung von Glaubersalz 5 g
gesättigte Lösung von Weinsteinsäure 5 „
5) Uebertragung jedes einzelnen Schnittes in 3 ccm einer $^1/_4$ bis $^1/_5$ %igen Lösung von Kalium hypermanganicum, so lange, bis die Lösung den bläulichen Farbenton verloren hat.
6) Entfärben in einer Lösung von
Acid. oxalic. 1,0
Kal. sulphuros. 1,0
Aqu. destillat 200,0.
Wenn die Entfärbung nicht vollkommen ist, von neuem Kali hypermanganic. und Entfärbung, bis jeder gelbe Farbenton aus dem Schnitt geschwunden ist.
7) Uebertragen der Schnitte in eine Mischung von
1 %iger Goldcholoridkaliumlösung 5 Tropfen
Alkohol absolut. 20 ccm
bis die Sublimatniederschläge, die im Schnitt bei auffallendem Licht weisslich aussehen, tief schwarz geworden sind, und die rothen Nervenfaserbündel einen bläulichen Ton angenommen haben.
8) Ganz kurzes Auswaschen in
5 %iger Cyankalilösung 1 Tropfen
Aqua destillat. 20 g.
Der Schnitt muss auf der Lösung schwimmen.
9) Entwässern in absolutem Alkohol.
10) Aufhellen in reinem Lavendelöl.
11) Kanadabalsam.

Sämmtliche Nervenfasern sind nun karminroth, die Ganglienzellen mit ihren Ausläufern aber tief schwarz gefärbt.

Periphere Nerven und Ganglien

werden im Allgemeinen gleich behandelt wie das centrale Nervensystem. Zupfpräparate geben oft gute Bilder.

Zur Darstellung von marklosen Nervenfasern und von Nervenursprüngen in Muskelstückchen hat MAYS folgendes Verfahren angegeben:
1) Die betreffenden Organstückchen lässt man in 0,5%iger Arsensäure vollkommen aufquellen.
2) Uebertragen 20 Minuten lang in eine Mischung von
   1%iger Goldchloridkaliumlösung   4,0
   2%iger Osmiumsäure   1,0
   0,5%iger Arsensäure   20,0.
3) Abspülen mit Wasser.
4) Uebertragung in eine 1%ige Arsensäurelösung, und in dieser bei 45° auf dem Wasserbad bis 3 Stunden lang der Sonne exponirt.
5) Aufhellen in einer Mischung von
   Glyzerin   40,0
   Wasser   20,0
   25%ige Salzsäure   1,0.

Sehorgan.

Für sämmtliche Abschnitte des Auges kommt als Härtungsflüssigkeit nur MÜLLER'sche Flüssigkeit und FLEMMING's Chromosmiumessigsäuregemisch in Betracht. — Die Aufbewahrung in MÜLLER'scher Flüssigkeit ist sehr lange möglich. Sollen Theile des Bulbus genauer untersucht und dabei die gegenseitigen Lagerungsbeziehungen der einzelnen Theile möglichst erhalten werden, so ist Einbettung in Celloidin nothwendig. Unter Umständen kann hier eine vorherige Färbung des Stücks mit Bismarckbraun (p. 33) oder BEALE'schem Karmin (p. 33) rathsam sein, damit die einzelnen Schnitte möglichst wenig mechanischen Insulten, welche den Zusammenhang lockern könnten, ausgesetzt sind. Man kann auch Paraffineinbettung anwenden.

Zur Kernfärbung dienen Hämatoxylin und Alaunkarmin. Die Retina und der N. opticus werden mit den Methoden, die für das Centralnervensystem angegeben sind (p. 78), behandelt. In manchen Fällen sind Doppelfärbungen sehr zu empfehlen.

Für die Untersuchung der Cornea kann man die Goldmethode von COHNHEIM anwenden. Die dem eben getödteten Thiere entnommene Cornea wird für 5 Minuten in frisch ausgepressten und filtrirten Zitronensaft, dann auf 20 Minuten in 1%ige Goldlösung übertragen und schliesslich unter dem Einfluss des Lichts 3—4 Tage lang in Wasser, welches durch Essigsäure ganz leicht angesäuert ist, gehalten. Geschnitten wird in Alkohol.

Gehörorgan.

Die Gewebe des Mittelohrs und des innern Ohrs werden mit MÜLLER'scher Flüssigkeit gehärtet; beim äusseren Ohr kann auch Alkohol benutzt werden. Ist zum Schneiden der zu untersuchenden

Stellen eine Entkalkung des angrenzenden Knochengewebes nöthig, so ist dieselbe erst nach erfolgter Härtung vorzunehmen.

Knochensystem.

Knochen und Gelenke werden in MÜLLER'scher Flüssigkeit gehärtet; die Härtung in Alkohol liefert nicht so schöne Präparate. Ist eine Entkalkung nöthig, so darf dieselbe erst nach vollendeter Härtung vorgenommen werden. Die in MÜLLER'scher Flüssigkeit gehärteten Präparate werden zunächst gründlich ausgewässert, einige Tage in Alkohol gelegt und dann erst entkalkt. Die Entkalkungsmethoden siehe p. 12.

Färbung mit Hämatoxylin; in vielen Fällen ist die Doppelfärbung mit Hämatoxylin und neutralem Karmin zu empfehlen; dieselbe giebt sehr schöne Präparate und übersichtliche Bilder, weil das neutrale Karmin den entkalkten Knochen, sowie osteoides, noch nicht verkalktes Gewebe roth färbt. Es ist aber, wenn diese Reaction eintreten soll, ganz besonders darauf zu achten, dass die in Hämatoxylin gefärbten Schnitte, nachdem sie ausgewaschen sind, noch 12 bis 24 Stunden in Wasser liegen bleiben, bevor sie in die Karminlösung kommen.

Die Grundsubstanz des verkalkten Knorpels, dessen Kalksalze ausgezogen sind, färbt sich mit Hämatoxylin meist intensiv blauviolett.

Unverkalkter Knorpel ist in seinem Verhalten gegen neutrales Karmin und Hämatoxylin inconstant, doch kann man sagen, dass ruhender Knorpel sich im Allgemeinen besser mit Karmin, wuchernder und hypertrophischer Knorpel dagegen intensiver mit Hämatoxylin färbt.

Die Zellen des Knochenmarks treten namentlich bei Doppelfärbung mit Hämatoxylin und Eosin sehr scharf hervor.

Zum Studium der Ablagerungsverhältnisse der Knochensalze und zum Nachweise kalkloser Knochenpartien hat dann auch POMMER eine Methode angegeben, welche sich auf die Eigenthümlichkeit der MÜLLER-schen Flüssigkeit stützt, dass sie nicht nur bei länger dauernder Einwirkung auf die Knochen — durch ihre nur unvollständig entkalkenden sauren Salze — diese gut schneidbar macht, sondern hierbei auch den Unterschied zwischen den kalkhaltigen und kalklosen Knochenpartien ausgeprägt und deutlich erhält, was bei in Säuren entkalkten Knochen nicht der Fall ist. Das Verfahren ist folgendes:

Die Knochen bleiben so lange in MÜLLER'scher Flüssigkeit, bis sie mit einem scharfen Rasirmesser eben gut schneidbar geworden sind. Es hebt sich dann in den angefertigten Schnitten die verkalkte Knochensubstanz durch ihr homogenes Aussehen scharf von den kalklosen Knochenpartien ab, welch letztere auf das deutlichste ihre fibrilläre Structur hervortreten lassen.

Durch Karmintinction wird dann das Auffinden kleiner kalkloser Knochentheile sehr erleichtert und die Schnitte gewinnen überhaupt an Uebersichtlichkeit.

Zur Färbung von Knochen, die in Säuren, z. B. in der v. EBNER-schen Flüssigkeit, entkalkt sind, empfiehlt POMMER:

1) Dahlia in einer Lösung von $0,04\,^0/_0$ oder
2) Saffranin $0,10-0,16\,^0/_0$ oder
3) Methylgrün $0,30\,^0/_0$ und mehr.

In 12—18 Stunden färben sich diejenigen Partien, die vor der Entkalkung kalkhaltig waren, ziemlich intensiv in einer der genannten
Lösungen, und zwar mit Saffranin oder Dahlia mehr als mit Methylgrün.
Die schon vor der Entkalkung kalklos gewesenen Partien bleiben
dagegen vollständig farblos und contrastiren so auf das deutlichste
gegenüber den früher kalkhaltigen Partien.

Eine Färbung des Knochengewebes mit Saffranin ist dann auch von
SCHEFFER in der folgenden Weise empfohlen worden:
1) Entkalkung in Salpetersäure oder salzsäurehaltiger Kochsalzlösung.
2) Färbung in wässeriger Saffraninlösung, 1 : 2000, $^1/_2$—1 Stunde
lang.
3) Abspülen in Wasser.
4) Uebertragen in 0,1 %ige Sublimatlösung.
5) Glyzerinuntersuchung.

Ein Contact der Präparate mit Alkohol ist möglichst zu vermeiden.
Will man deshalb die Schnitte als Dauerpräparate aufheben, so zieht
man sie nach der Sublimatbehandlung nur flüchtig durch Alkohol, und
entfernt dann das Wasser zum grössten Theil durch Aufdrücken von
Fliesspapier; der Rest wird durch langes Einlegen in Bergamottöl entfernt. Dann in Kanadabalsam.

Muskeln und Sehnen. Sehnenscheiden. Schleimbeutel.

Muskeln und Sehnen, sowie Sehnenscheiden und Schleimbeutel werden
in MÜLLER'scher Flüssigkeit gehärtet. Die Schnitte von Muskeln lassen
sich schlecht anfertigen, wenn man nicht in Celloidin einbettet. Färbung
der Muskeln namentlich mit Pikrokarmin (p. 32), welches das Protoplasma gelb färbt. Ausserdem Hämatoxylin, Alaunkarmin; Doppelfärbungen mit Hämatoxylin und Karmin oder Eosin.

Männlicher und weiblicher Geschlechtsapparat.

Härtung vorzugsweise in MÜLLER'scher Flüssigkeit. Einbettung in
Celloidin, namentlich bei Ovarien und Placenta.
Die Untersuchung von Schleimhautpartikeln aus
dem Uterus auf Carcinom nimmt man am besten in der Weise
vor, dass man die Stückchen in Alkohol härtet und in Celloidin
einbettet. Es ist dann rathsam, gleich mehrere Stückchen auf einen
Kork aufzukleben und zusammen zu schneiden. Man erreicht das sehr
gut mittels der durch Umhüllung des Korks mit Papier hergestellten
Schachteln (s. p. 14), und kann dann in einem Präparat gleich mehrere
Schnitte von verschiedenen Stellen untersuchen.
Es erleichtert und beschleunigt das die Untersuchung sehr, weil
oft nicht gleich das erste Stückchen, welches man einzeln schneidet,
eine zur Untersuchung geeignete Stelle enthält, und weil man so viel
mehr Wahrscheinlichkeit hat, auch Schnitte zu treffen, in denen ausser
der eigentlichen Schleimhaut noch die oberflächliche Lage der Muscularis
mit enthalten ist. Die Färbung geschieht in diesen Fällen einfach mit
Hämatoxylin.
In ähnlicher Weise untersucht man Deciduafetzen und Pla-
centarreste.

FUNFZEHNTES CAPITEL.

Mikroskopische Untersuchungen zu gerichtlichen Zwecken.

Untersuchung von Blutspuren.

Handelt es sich um die Frage, ob irgendwie zur Untersuchung kommende Flecke auf Holz- und Metallgegenständen, auf Kleiderstoffen etc. von Blut herrühren, so hat man sein Augenmerk zu richten entweder

I. auf den Nachweis von Blutkörperchen selbst mit ihrer charakteristischen Form oder

II. auf den Nachweis des Blutfarbstoffs.

I. Will man in noch frischen Flecken Blutkörperchen nachweisen, so genügt es, etwas von dem abgeschabten Fleck in 0,6%iger Kochsalzlösung — destillirtes Wasser ist zu vermeiden — aufzuweichen und direct unter dem Mikroskop zu untersuchen.

Da die Blutkörperchen des Menschen und der Säugethiere rund und kernlos, die der übrigen Thiere aber oval und kernhaltig sind, so gestattet eine derartige Untersuchung auch die Beantwortung der Frage, ob die betreffende Blutspur vom Menschen resp. Säugethier oder von einer anderen Thierart stammt.

Die menschlichen Blutkörperchen sind grösser als die der Säugethiere. Sie haben einen Durchmesser von 0,0077 mm; am nächsten stehen ihnen in der Grösse die des Hundes, dann folgen Kaninchen, Schwein, Rind, Pferd, Katze und schliesslich Schaf.

Messungen mit dem Mikrometer, die jedoch, an möglichst vielen Blutkörperchen vorgenommen werden müssen, gestatten dann einen Wahrscheinlichkeitsschluss, ob die gefundenen Blutkörperchen menschlichem Blut entstammen oder nicht. Eine sichere Entscheidung ist nicht möglich, weil die Blutkörperchen sehr rasch Veränderungen in ihrer Grösse und Form eingehen. Sind die Blutspuren älter, so kann man ebenfalls oft noch Blutkörperchen in ihnen nachweisen, die in ihrer charakteristischen Form erhalten sind.

Es genügt aber dann zum Nachweis gewöhnlich nicht die einfache Kochsalzlösung, sondern man muss andere Zusatzflüssigkeiten verwenden. Unter diesen empfiehlt sich:

1) Die 30%ige Kalilauge, bei deren Anwendung man sich vor einer Verdünnung mit Wasser sorgfältig zu hüten hat.

2) Flüssigkeit von Roussin:
        Glyzerin   3 Thl.
        conc. Schwefelsäure 1 „

3) Modificirte Pacini'sche Flüssigkeit:
        Sublimat   1,0
        Kochsalz   2,0
        Glyzerin   100,0
        Wasser   300,0.

Man verfährt bei der Anwendung dieser Flüssigkeiten ebenfalls so, dass man von dem betreffenden Fleck etwas abschabt, oder wenn es sich um Flecken auf Kleidern, Stoffen etc. handelt, etwas davon zerzupft, auf den Objectträger bringt und dann die betreffende Zusatzflüssigkeit zu-

setzt. Man beobachtet dann d i r e c t unter dem Mikroskop das Sichtbar-
werden der Blutkörperchen, weil dieselben nach und nach durch die
Einweichungsflüssigkeiten verändert werden.

Auf Grössenunterschiede in den Blutkörpern lässt sich natürlich
bei alten Blutspuren, wo die Blutkörperchen noch viel mehr geschrumpft
sind, viel weniger geben als bei der Untersuchung frischer Blutflecken.
Zu hüten hat man sich besonders vor der Verwechslung mit den
Sporen einiger Schimmelpilzarten. Diese letzteren sind aber sehr resistent gegen Säuren und Alkalien.

II. Viel sicherer ist der Nachweis des Blutfarbstoffs durch D a r-
s t e l l u n g d e r H ä m i n k r y s t a l l e.

Das Hämin oder salzsaure Hämatin ist ein Derivat des Hämoglobins.
Nach ihrem ersten Entdecker bezeichnet man die Häminkrystalle auch
als TEICHMANN'sche Blutkrystalle.

Zu ihrer Darstellung aus eingetrocknetem Blut verfährt man folgendermaassen :

Befinden sich die Flecken auf harten Gegenständen, z. B. Holz, so
werden sie sorgfältig abgeschabt und die rothe Masse auf einem Objectträger oder in einem flachen Uhrschälchen gesammelt und in einer geringen Menge destillirten Wassers aufgelöst.

Von Flecken in Leinwand oder anderen Stoffen schneidet man besser
kleine Stückchen aus, legt sie auf Objectträger und zieht mit wenig
destillirtem Wasser aus.

Nach Entfernung der ausgezogenen oder ausgepressten Gewebs-
stücke sowie etwaiger Verunreinigungen lässt man das mehr oder weniger
roth gefärbte Wasser eintrocknen, setzt dann ein stecknadelkopfgrosses
Tröpfchen 0,6%iger Kochsalzlösung zu, breitet es über die Oberfläche
aus und lässt es wieder eintrocknen. Ist dies geschehen, so kratzt man
die angetrocknete Masse mit einem Scalpell etwas auf und trägt mit
einem Glasstab reinen Eisessig — bei verdünnter Essigsäure gelingt
die Probe nicht sicher — auf, deckt mit einem Deckgläschen zu und
erwärmt über einer Spiritusflamme, bis der Eisessig Blasen bildet. Durch
fortgesetztes gelindes Erwärmen wird danach der Eisessig verdampft,
und es scheiden sich bei seiner Verflüchtigung die braunen Häminkrystalle
aus. Je langsamer das Verdampfen des Eisessigs vor sich geht, desto
grösser werden die Häminkrystalle.

Die Häminkrystalle sind in Wasser vollständig unlöslich, ebenso in
Aether und Alkohol. Sie sind schwer löslich in Ammoniak, verdünnter
Schwefelsäure und in Salpetersäure, leicht löslich in Kalilauge. Sie
stellen kleine rhombische Täfelchen dar.

Die Beimengung fettiger Substanzen hindert oft die Entstehung der
Häminkrystalle; man thut dann gut, den Fleck vorher mit Aether zu
behandeln.

Auch die Beimengung von Rost auf eisernen Instrumenten kann die
Darstellung der Häminkrystalle verhindern.

Untersuchung der Haare.

Bei der gerichtsärztlichen Untersuchung von Haaren kann es sich
zunächst um die Frage handeln, o b d i e v o r l i e g e n d e n H a a r e
v o m M e n s c h e n o d e r v o m T h i e r e s t a m m e n.
Für die differenzielle Diagnose ist mikroskopisch Folgendes maass-
gebend.

1) Die äusserste Schicht des Haares, die Cuticula, besteht aus feinen Epidermisschuppen, die dachziegelartig übereinander liegen und mit ihren Spitzen alle nach dem freien Ende des Haares sehen. Wenn man diese Zellen nicht ohne weiteres deutlich sehen kann, so setzt man verdünnte Salpetersäure zu. Bei den meisten Thieren sind die Zellen der Cuticula viel grösser als beim Menschen, so dass sie viel deutlicher hervortreten. Ausserdem stehen die Cuticulaschuppen bei vielen Thieren viel mehr ab und geben daher dem Haare ein viel ausgesprochener gezähntes Aussehen als beim Menschen.

2) Die mittlere Schicht oder die Rindensubstanz besteht aus langgestreckten Hornzellen. Man kann dieselben durch Zusatz von verdünnter Salpetersäure ebenfalls deutlicher hervortreten lassen.

Die Rindensubstanz prävalirt beim Menschen an Breite sehr gegenüber der innersten Schicht der Marksubstanz; beim Thier findet gerade das umgekehrte Verhalten statt.

3) Die zellige Structur der Marksubstanz ist beim Menschen nur sehr undeutlich, beim Thiere dagegen sehr in die Augen fallend.

Beim Menschen fehlt die Marksubstanz häufig, namentlich auf einzelne Strecken. Beim Thiere nur sehr selten, und dann immer nur an ganz vereinzelten Haaren. Selbstverständlich muss man das Haar in seiner ganzen Länge untersuchen.

Für die Entscheidung der Frage, ob Haare vom Menschen oder Thiere stammen, empfiehlt es sich in jedem einzelnen Falle, zum Vergleich sowohl menschliche Haare wie solche von den gewöhnlichen in Betracht kommenden Thierarten zu untersuchen.

Bezüglich der Körperstelle, von der zur Untersuchung kommende Haare stammen, ist zu bemerken, dass Barthaare am dicksten zu sein pflegen, mit 0,14—0,15 mm im Durchmesser, dann folgen der Reihe nach die weiblichen Schamhaare, die Haare der Augenlider, die männlichen Schamhaare, die männlichen Kopfhaare und schliesslich die weiblichen Kopfhaare mit etwa 0,06 mm Durchmesser. Dass hierbei sehr beträchtliche individuelle Unterschiede vorkommen, darf bei der Untersuchung nie vergessen werden. Dazu kommen die sehr erheblichen Altersunterschiede, da die Haare der Neugeborenen bedeutend dünner sind als die älterer Kinder und namentlich von Erwachsenen.

Die Haare der Neugeborenen enden in einer Spitze. Ebenso sämmtliche Haare, die in ihrem natürlichen Wachsthum durch keine Insulte: Schneiden, Druck der Kleidung, Maceration durch Schweiss etc. gestört wurden. Verschnittene Haare zeigen im Anfang eine scharfe, quere, später eine mehr abgerundete Trennung.

Ausgerissene Haare zeigen eine in der Regel nach unten offene, kolbige Wurzel, mit Resten des Haarbalgs; ausgefallene Haare besitzen eine nach unten geschlossene, glatte, atrophische Wurzel.

Für die Frage, ob bestimmte Haare einem bestimmten Individuum entstammen, kommen namentlich Vergleichsuntersuchungen zur Anwendung, wobei auf die Dicke des ganzen Haars sowie seiner einzelnen Schichten, auf die Farbe etc. zu achten ist. Dabei kann es von Nutzen sein, die Form und Beschaffenheit der Querschnitte der zu untersuchenden Haare mit einander zu vergleichen. Solche Querschnitte kann man zwar auch so anfertigen, dass man auf einer festen Unterlage feine Schnitte mit dem Rasirmesser macht; viel empfehlenswerther ist aber die Einbettung in Paraffin (cf. p. 15).]

Untersuchung von Samenflecken.

Wenn es sich um die Untersuchung von Flecken auf das Vorhandensein von Spermatozoen handelt, so versucht man zunächst, ob sich von den auf ihrer Unterlage mehr oder weniger fest anhaftenden Flecken feine Schüppchen ablösen lassen. Derartige Schüppchen, die wegen ihrer Brüchigkeit vorsichtig behandelt werden müssen, werden dann auf dem Objectträger mit einem Tropfen destillirten Wassers aufgeweicht, wobei man die Vertheilung dadurch beschleunigen kann, dass man die Schüppchen mit zwei Nadeln auseinanderzupft. Die Untersuchung geschieht mit starker Vergrösserung und enger Blendung.

Ist die Substanz aber in die Unterlage derartig eingesogen, dass eine Ablösung von einzelnen Schüppchen unmöglich ist, so schneidet man von der Unterlage ein kleines Stückchen aus und weicht dasselbe in einem Uhrschälchen mit destillirtem Wasser ¼—2 Stunden lang auf. Wenn man dann durch Aufdrücken eines Nadelstiehls etc. das Gewebe auspresst, so giebt dasselbe eine molkige Flüssigkeit ab, die direct untersucht werden kann.

In diesem letzteren Falle kann man die Untersuchung auch sofort auf dem Objectträger vornehmen, indem man von dem betreffenden Stoff ein kleines Partikelchen in Wasser zerzupft; es ist aber auch bei dieser Untersuchungsmethode eine vorherige Aufweichung des Fleckes dringend zu empfehlen.

Wenn man Spermatozoen gefunden hat, so kann man in der bekannten Weise Deckglastrockenpräparate herstellen und mit neutralem Karmin oder auch mit Fuchsin färben.

Untersuchung von Deciduaresten.

Da die Decidua graviditatis durch ihre grossen, polygonalen oder mehr rundlichen Zellen sich von allen sonst in Betracht kommenden Gewebsbestandtheilen in charakteristischer Weise unterscheidet, so kann ihre Untersuchung bei Verdacht auf stattgehabten Abort nothwendig werden.

Man untersucht entweder frisch an Zupfpräparaten, oder besser nach vorheriger Härtung in Alkohol an kleinen Schnitten. Diese lassen sich aus freier Hand herstellen; auch kann man sie in einem Cylindermikrotom mit Paraffin umgiessen (cf. p. 20) und dann schneiden. Ebenso kann man zwischen frischem Hollundermark oder gehärteter Leber (cf. p. 17) schneiden.

Zur Färbung dient am besten Hämatoxylin.

Register.

DIPLOMAS OF HONOUR
AND PRIZE MEDALS,
LONDON,
1851, 1862, & 1885.

SILVER MEDAL,
CENTRAL INDIA, 1868.
PARIS, 1878.
HIGHEST AWARD,
BRAZIL, 1884.

NEWTON & Co.,
Opticians, Scientific Instrument,
AND GLOBE MAKERS,
TO H.M. THE QUEEN, HIS LATE R.H. THE PRINCE CONSORT,
H.R.H. THE PRINCE OF WALES,
THE ADMIRALTY, WAR DEPARTMENT, H.M. TRAINING SHIPS,
THE INDIAN AND FOREIGN GOVERNMENTS,
SCIENCE AND ART DEPARTMENTS, ETC.
By Special Appointment
TO THE ROYAL INSTITUTION OF GREAT BRITAIN.

3, Fleet Street, Temple Bar, London.

ROYAL AGRI: SOCIETY
SILVER MEDAL, 1893.

BY SPECIAL
APPOINTMENT.

DIRECTIONS FOR USING THE

"NEWTONIAN" ARC LAMPS

FOR DIRECT CURRENT.

(MAJOR HOLDEN'S PROVISIONAL PATENT)

PATTERN A. FIG. 1.

Centering the Light. This Lamp can be used in any ordinary Lime-light Lantern, and can be clamped just like a Lime-light jet on the rod of the Lantern tray.

As, however, it is desirable to have a centering arrangement to centre the light in the first instance, and to keep it centred afterwards, in case from inequalities in the carbons, or from any other cause, it may burn out of centre, we recommend the use of an adjusting tray such as is shown in Figure 1, price 12s. 6d.

This tray, which we have recently patented, will carry one of the pattern A "Newtonian" Arc Lamps, or a lime-light jet, and has milled heads working from outside the Lantern to move the light up and down, and to right and left.

Voltage and Current. Either of the Lamps Pattern A and B can be used wherever there is a supply of electric current (direct, not alternating) available, the requirements being not less than 60 volts and a current between 4 and 10 ampères; under 4 ampères the light is insufficient for ordinary lantern purposes, and above 10 ampères, the heat evolved is too great for lanterns not specially constructed; about 8 ampères is desirable for most purposes.

Added Resistance in Circuit. A resistance varying with the voltages of the supply and the current used in the lamp must be included in the circuit with the lamp, the proper amount being shown in the table of resistances, &c., on the last page.

Carbons and Holders. The carbons used should be of good quality, and the proper size for the holders. The holders are marked to facilitate this and prevent mistakes (thus " 3 inches 12 m.m. cored +," would be 3 inches of 12 m.m. diameter cored carbon for the upper or positive holder)—the size of the carbons for different currents is also given in a table on the last page.

The larger carbon, which is always a cored one, is the positive (+) and is always burnt in the upper holder, and the smaller carbon, which is always a solid one, is the negative (—) and is always burnt in the lower holder. A cored carbon can easily be distinguished from a solid one by looking at the end, when the circular core can be easily seen.

Refilling Carbon Holders. To fit new carbons, unscrew the milled cap from the end of holder and remove the spring, the small brass plug, and the remnant of the previous carbon ; insert the new carbon—point first—then drop in the plug and spring, and screw the cap on again. In fitting the carbons to the holders, care should be taken that the latter are clean and free from carbon dust accumulations from previous use, and the screws should be equally advanced so as to prevent the carbon slipping through ; greater care is necessary with the + carbon holder, than with the — in this respect.

Carbons. In order that the carbons used may be uniform in quality, &c., MESSRS. NEWTON have made arrangements for supplying at a low price, carbons ready pointed, of the right length and diameters, for use in these lamps. To make sure of receiving the right size it is only necessary to quote the number, &c., engraved on the carbon holder thus : " 3 inches 12 m.m. cored +," and the right carbons can be sent.

It is advisable to use a fresh pair of carbons for each exhibition.

Adjusting the Abutment Screws. The two adjusting screws against which the carbons are pressed by the springs must be set so far apart that the carbons will "feed" as they burn away, and so always retain the same relative positions.

If the screws are set too far apart, the springs will force the carbons too far through, and if not sufficiently far apart they will not feed through quickly enough.

The exact adjustment depends on the current used, but generally the screws should be so adjusted that the carbon will only just pass between them, and then each screw may be tightened half a turn so that the carbon cannot pass. Greater accuracy than this can only be attained by experience with the actual current which is to be used. When once properly adjusted for a given current they need no further alteration, and as the carbons are put in at the other end of the holder, the adjustment once made, need never be disturbed. It is of course important that the two screws should be set in equally so as to hold the carbon central and not to press it against one side or other of the holder. Each lamp is tested before being sent out, and if sufficient notice be given, it can be tested with the amount of current the purchaser proposes to use with it, in which case the adjustment of the screws will be right as sent, and will not require alteration unless the carbons should vary slightly in diameter.

Connections.   The two diagrams show how the lamps should be connected up with wires of not less than No. 14 copper, or its equivalent in stranded wire; this will carry up to 15 ampères—the maximum which should ever be used—without heating to any extent.

The carbon holders should be fixed in their grooves by the clamps, the upper one *as high as possible*, and the lower one with its metal ring resting on the top of the V section support so that when the notch on the edge of the slate disc is at the top the carbons will just touch each other.

Srtking the Arc.   Before the current is switched on, turn the slate wheel so as to separate the carbons, and *after* switching on, turn it so that they touch *momentarily* only, and are then separated by the downward movement of the carbon holder. The carbons should be separated only so far as to give a clear disc on the screen, and to insure noiseless and steady burning, and this having been attained the lamp will require only very occasional adjustment whilst burning, the art of which a small amount of practice will enable anyone to acquire.

If the Arc hisses the carbons are generally too close to each other; if, on the contrary, there is a flare from the upper carbon, they are generally too far apart.

If the needle of the indicator points to " Wrong," the wires carrying the current to the lamp must be disconnected and reversed.

Accumulators.   In cases where the electric current is not laid on, it may be obtained from accumulators, which can be charged as often as necessary. The following particulars may be useful.

Thirty-four Portable Cells in wood boxes, with lids, will give a current of 9 ampères at 65 volts, for 3 hours. Each cell measures $3\frac{1}{8}$ inches × $7\frac{1}{2}$ inches × $13\frac{1}{2}$ inches over all. Total weight about 5 cwt. Price £27 4s.

Estimates will be given for accumulators, to give any required number of ampères, at any voltage, on application.

Diagram of connections for 8 ampère A pattern " Newtonian " Lamp on 65 volt circuit.

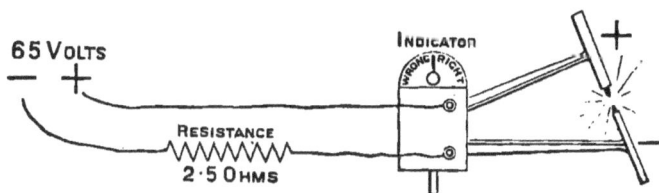

65 Volts — +
Indicator
WRONG | RIGHT
RESISTANCE
2·5 Ohms
+

Diagram of connections for 10 ampère B pattern " Newtonian " Lamp on 100 volt circuit.

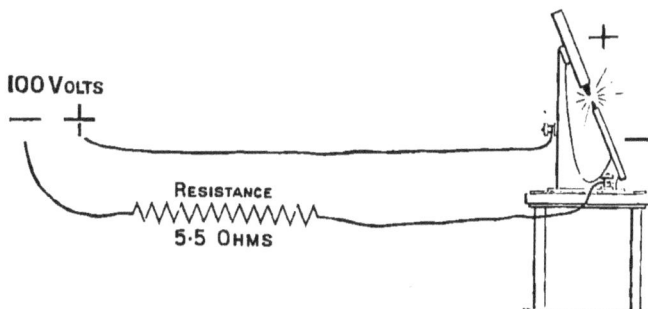

100 Volts — +
RESISTANCE
5·5 Ohms
+

Table of Resistance for Various Voltages and Currents.

Current Ampères.	Resistance in ohms, for Volts.							Iron wire of suitable size.	Feet per ohm
	60	65	70	80	90	100	110		
4	4	5	6·2	8·7	11	14	16	·035 No. 20 BWG	18
5	3	4	5·5	7·0	9	11	13	·049 No. 18 BWG	30
6	2·5	3·5	4·5	6·0	7·5	9	11	,,	,,
7	2	3	4	5·0	6·5	8	9	,,	,,
8	1·9	2·5	3·5	4·5	5·5	7	8	·065 No. 16 BWG	60
9	1·7	2·2	2·7	4·0	5·0	6	7	,,	,,
10	1·5	2	2·5	3·5	4·5	5·5	6·5	,,	,,
11	1·3	1·8	2·3	3·2	4·1	5·	5·9	·083 No. 14 BWG	95
12	1·2	1·7	2·1	2·9	3·7	4·6	5·4	,,	,,
13	1·2	1·5	1·9	2·7	3·5	4·2	5·0	,,	,,
14	1·1	1·4	1·8	2·5	3·2	4·0	4·6	,,	,,
15	1·0	1·3	1·6	2·3	3·0	3·6	4·3	,,	,,

Messrs. NEWTON have made arrangements for supplying the above resistances in simple portable form at from 15s. to 45s. according to the current.

Sizes of Carbons.

Current Ampères.	+ (cored.) m/m	− (solid) m/m
4 to 7	8	5
8 to 10	12	6
10 to 15	13	8

Messrs. NEWTON have made arrangements for supplying Carbons of the various size named above, of best quality, specially selected for use with these Lamps, at 4d. per pair.